U0033598

五星級廚師教你在家做養生料理

養生料理食譜出版了，對於自己的夢想版圖又完成了一塊。

因為工作的關係全臺灣到處跑，記憶最深是到臺中霧峰四德社區，當地盛產紅豆及各式菇類，社區理事長也成立愛心灶腳，利用當地的食材來服務社區的長者，也利用當地的食材做成泡菜來販售，每個畫面都深植心中，當人們善待土地，和大自然依循節氣來生產，大自然會以豐收來回報，每個地方都有照節氣運作的農作物，要如何在節氣的產季下，運用烹調技法來表現當季食材，在本書中也都有詳述，也花了很多時間將全臺灣的農作物、魚類等等食材收集起來，藉由本書的出版，也讓我成長很多。

在現今的飲食浪潮下，照著節氣來食用，不管是對身體或荷包都是有幫助，現在一年四季因為科技的發達，冬天也可以輕易的吃到西瓜，食材的節氣全都亂了。

讀者可藉由本書來了解 24 節氣盛產的食材，在家也能做養生料理。感謝優品文化出版社薛總編輯領導的團隊和瑞康的蔡董事長，攝影大哥以及周凌漢同學的幫忙，本書才得以順利出版，感恩再感恩！

我與溫國智老師合作至今將近有五年之久，溫師傅是一個很親切與樂於分享的人，在廚藝方面除了有相當優秀的表現，最重要的是不藏私的教學，是有目共睹的。長年合作如同朋友般情誼，同時也感謝他認可我們的鍋具，並全程使用瑞康屋的鍋具，帶領各位讀者製作出健康養身的飲食，而且無須藉助調味料，讓食材自己本身的天然美味全然提昇。

健康的飲食觀念，了解節氣與食材對人體的影響極為重要，多年前家母生了場大病，食不嚥口，補充不到營養身體每況愈下，我自己透過書籍資料研讀，費盡心力燉了雞精，母親終於吃下去了！而身體也逐漸好轉，這點讓我欣慰外也讓我明白食材與健康是息息相關的，寧可多花點錢買新鮮的食材，多花點心思挑選當季食材，也別讓身體亮起紅燈。

溫國智老師近年來是餐飲業界知名顧問，繁忙之餘不忘自我提昇及積極向上，更難得的是榮獲全國十大傑出青年，更是業界一大殊榮，此書，溫國智老師對於現在多元的飲食文化，以現代人適應的飲食習慣為設計，願讀者們吃得健康與美味。

瑞康屋董事長

認識溫師傅是十年前的事了，還記得十年前的第一眼「這娃娃臉的朋友，說是廚師，應該沒有人會相信！」幾次交談認識後，才知道原來他是一個非常「有心」在廚藝界發展的人。也因為這樣的「有心人」，只要給他時間累積，就會是有成就的人了！

5 年前，我遇上了人生的低潮 (股東背信、侵佔商標)，而當時溫師傅也在思考人生的路，我建議他往學校任職，走一條不同的路；而他也鼓勵我堅持原來要做的事……五年後的今天，才讓大家可以看見黑豆桑與溫國智。

常常被人問說，老王，人生中什麼才重要？我總是回答：「初心」。我在溫師傅的身上看到了這「初心」的能量，也看到「初心」的累積成果。近來食安問題的發生，不也就是因為我們離開「初心」太久，企業做大了就開始為了錢亂搞，人有名了就開始亂來，這些都是離了人性本善的「初心」太遠而造成的後果。

每每跟溫師傅上節目過程中，可以清楚的感受到溫師傅的「認真」，對食譜編寫、對食材選用、對鍋子特性、對醬料研究、對陳列美感……因為他的認真所以可以做到最好！一個不忘初心認真的有心人，這樣的人寫出的食譜是值得讀者支持購買的，也是老王我真心推薦的！

黑豆桑董事長

王政傑

聽到溫師傅要再出食譜，實在太好啦！！

以前跟師傅共事的時候，常把複雜的大菜用簡單的手法表現出來，但滋味一樣令人回味！！

這次溫師傅要出 24 節氣的菜色，以當季當令的食材做完美的呈現色、香、味俱全！還等什麼呢？快入手吧！！

陳德烈

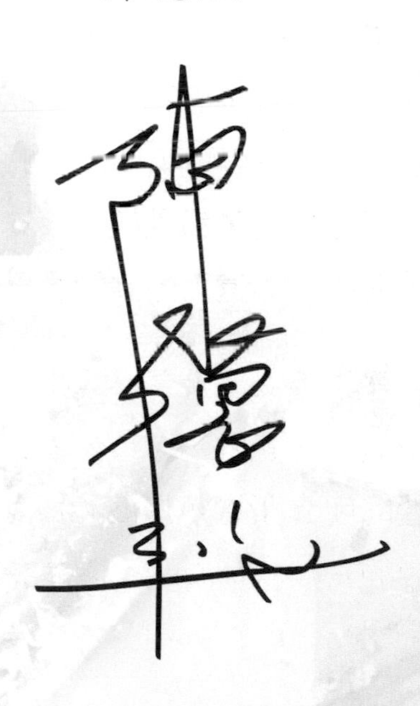

目錄

作者序 ……2
推薦序 ……3

春

立春 農曆2月
蒜苗香帶魚 ……10
白果長年菜 ……12
髮菜瑤柱 ……14

雨水 農曆2月
芝麻鯖魚 ……16
酒釀紫茄 ……18
冬菜豆苗蒟蒻片 ……20
雪菜蒸紅目鰱 ……22
皮蛋紅蘿蔔煲 ……23

驚蟄 農曆3月
西式蘆筍卷佐奶油醬汁 ……24
乾燒鰹魚 ……26
冬筍燒栗子 ……28
蠔油鮮蚵 ……30
韭菜米苔目 ……31

春分 農曆3月
蒜絲魚丁 ……32
焦糖檸檬甘藷 ……34
柴魚茼蒿 ……36

清明 農曆4月
蝦仁燴莧菜 ……38
腐皮洋蔥卷 ……40
香酥芋絲櫻花蝦 ……42
白玉瓜四破魚 ……43

穀雨 農曆4月
薑汁鰹魚 ……44
紅目鰱蛋卷 ……46
元寶蘑菇 ……48
蜂蜜牛蒡 ……50

夏

立夏 農曆5月
宮保空心菜 ……54
洋芋鬼頭刀 ……56
越瓜蒼蠅頭 ……58
櫻花蝦水餃 ……60
禪意瓠瓜 ……61

小滿 農曆5月
黃秋葵炒雞柳 ……62
蕗蕎炆排骨 ……64

芒種 農曆6月
塔香炒小卷 ……66
馬告牛腩煲 ……68
墨西哥番茄煮淡菜 ……70
優格綠筍沙拉 ……72

夏至 農曆6月
樹籽蒸鬼頭刀 ……74
豆瓣鮮鎖管 ……76
醋溜土豆絲 ……78

日式煮茄子 ……80

小暑 農曆7月
家常魷魚 ……82
冬菜茭白筍 ……84
金沙南瓜 ……86
紅蘿蔔八寶菜 ……87

大暑 農曆7月
脆筍金勾魷魚 ……88
黃金奶油玉米 ……90
鮮菇絲瓜盅 ……91
親子蓮釜飯 ……92

秋分 農曆9月
辣椒檸檬蝦 ……116
香菇高麗菜卷 ……118
芹菜櫻花蝦 ……120

寒露 農曆10月
文蛤麵線 ……122
山藥絲瓜 ……124

霜降 農曆10月
木耳煲帶魚 ……126
蜜汁魚片 ……128
芋香肉丸 ……130

秋

立秋 農曆8月
蒜泥鮮蝦 ……96
麻油香蕈旗魚 ……98
金針燒雞 ……100
肉醬炒箭筍 ……102
蒟蒻皇帝豆 ……103

處暑 農曆8月
椒汁美人腿 ……104
咖啡雞湯 ……106
麻油秋葵 ……107

白露 農曆9月
酸竹筍煨鰆魚 ……108
麻油虱目魚 ……110
栗子紅棗燜雞 ……112
桂花掛霜芋頭 ……114

冬

立冬 農曆11月
苦瓜燜青花魚 ……134
蝦球青花菜 ……136

小雪 農曆11月
培根芥菜煨香菇 ……138
母子菜 ……140

大雪 農曆12月
西班牙海鮮沙拉 ……142

冬至 農曆12月
櫻花蝦高麗苗 ……144
紅黃椒拌川耳 ……146

小寒 農曆1月
綠花椰魚豆腐 ……148
蘿蔔嬰黃雀 ……150

大寒 農曆1月
洋蔥釀雞翅 ……152
番茄秋刀魚 ……154
蔥爆牛肉 ……156
鮮菇玉米筍 ……157

白果

白果是銀杏的果實，有效幫助泌尿系統，滋陰益腎，可以改善尿頻狀況。有暖肺、止咳及減少痰量之功效。特別注意有癲癇症的人不宜服用銀杏，因為它可能會導致癲癇發作，孕婦及哺乳期間也不宜服用，而有醣尿病的人，應諮詢醫生的意見。

瑤柱

瑤柱又稱元貝，含豐富蛋白質、磷酸鈣及維生素A、B、D，天然鮮味，加上營養豐富，病後精神不振，胃口欠佳者最適合食用。能滋陰補肝腎，改善脾胃虛弱，腹中宿食、陰虛勞損。對考生、勞動者或經常加夜班者，常有神經不安、眼睛易疲勞、肩痛、頭痛等狀況，有助於補充元氣。

雪菜

溫胃散寒，能清熱解毒，抗菌消腫，抑制細菌毒素促進傷口癒合，適合感冒、痛風、頭痛、急慢性支氣管炎者。切忌甲狀腺腫、眼疾、痔瘡、素體熱盛者勿食用。

鮮蚵

肉質鮮美，素有『海中牛乳』之稱。含維生素及礦物質，特別是硒、鋅等微量元素含量豐富。宜防止動脈硬化、抗血栓以及抗老，其中成分牛磺酸有消炎解毒、保肝利膽、降血脂、促進幼兒大腦發育及安神健腦的功效。

莧菜

豐富蛋白質、脂肪、醣類及多種維生素和礦物質，其所含的蛋白質比牛奶更能夠被人體吸收，多種豐富營養物質，適合急慢性腸胃炎以及大便乾結者、缺鐵者、孕婦食用。特別注意脾胃虛寒者不可使用。

腐皮

有清熱潤肺、止咳消痰、養胃、解毒、等功效。豆腐皮營養豐富，蛋白質、氨基酸含量高，肥胖、高脂症、高血壓患者都可多食用。慣於大魚大肉的現代社會，豆製品是平衡膳食不可或缺的食品。

紅目鰱

典型的夜行性中型魚類，因為魚皮不可以吃也被稱為「剝皮魚」。肉質纖嫩細緻而不多刺，適合孩童吃，膠質與蛋白質相當豐富，營養價值與口感極佳，是市場常見的一種魚類。

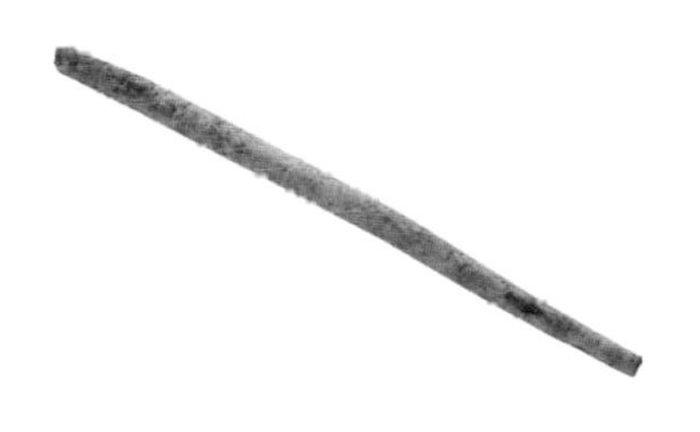

牛蒡

含有豐富的水份、脂肪、醣類、蛋白質、維生素A、B1、C以及多種礦物質，特別的是牛蒡有一種特殊的養分叫「菊糖」，可促進荷爾蒙分泌的精氨酸，具幫助人體筋骨發達、增強體力的效果。牛蒡也刺激大腸蠕動、幫助排便、降低體內膽固醇、阻止毒素在體內積存。

立春：農曆2月

國曆2月4日或5日開始進入春天，萬物甦醒。陽光暖和開啟新的一頁。初春時氣溫變化非常大，對於身體不可大意，適當的進補，提高身體抵抗力。

蒜苗香帶魚

材料

材料	份量	材料	份量
白帶魚	300公克	蒜末	10公克
蒜苗花	20公克	洋蔥丁	50公克
辣椒	20公克		

調味料

調味料	份量	調味料	份量
醬油	2大匙	胡椒粉	少許
糖	1/4小匙	水	150 cc
酒	1大匙	豆豉	1大匙

材料圖

作法

1. 辣椒去蒂後從中剖半(圖1)，切末(圖2)。
2. 蒜苗切花(圖3)，洋蔥切丁(圖4)，薑切末(圖5)，備用。
3. 鍋中加入2大匙葡萄籽油，放入白帶魚(圖6)，煎至兩面酥脆(圖7)。
4. 原鍋加入蒜末、辣椒末、洋蔥丁爆香，加入調味料燒至入味收汁(圖8)。
5. 放入蒜苗花、翻炒均勻即可盛盤(圖9-10)。

白果長年菜

材料

芥菜	300 公克	薑片	20 公克
白果	20 公克		
辣椒	10 公克		

調味料

醬油	3 大匙	蔥香油	1 大匙
醬油膏	1 大匙	水	50cc
酒	1 大匙		

材料圖

作法

1. 芥菜洗淨後切船形 (圖 1)，辣椒切絲 (圖 2)，薑切片 (圖 3)，備用。
2. 鍋中加入 1 大匙蔥香油爆香薑片 (圖 4)。
3. 加入芥菜、白果 (圖 5)、調味料燜煮 5 分鐘 (圖 6-7) 入味即可盛盤 (圖 8)。
4. 放上辣椒絲即完成 (圖 9)。

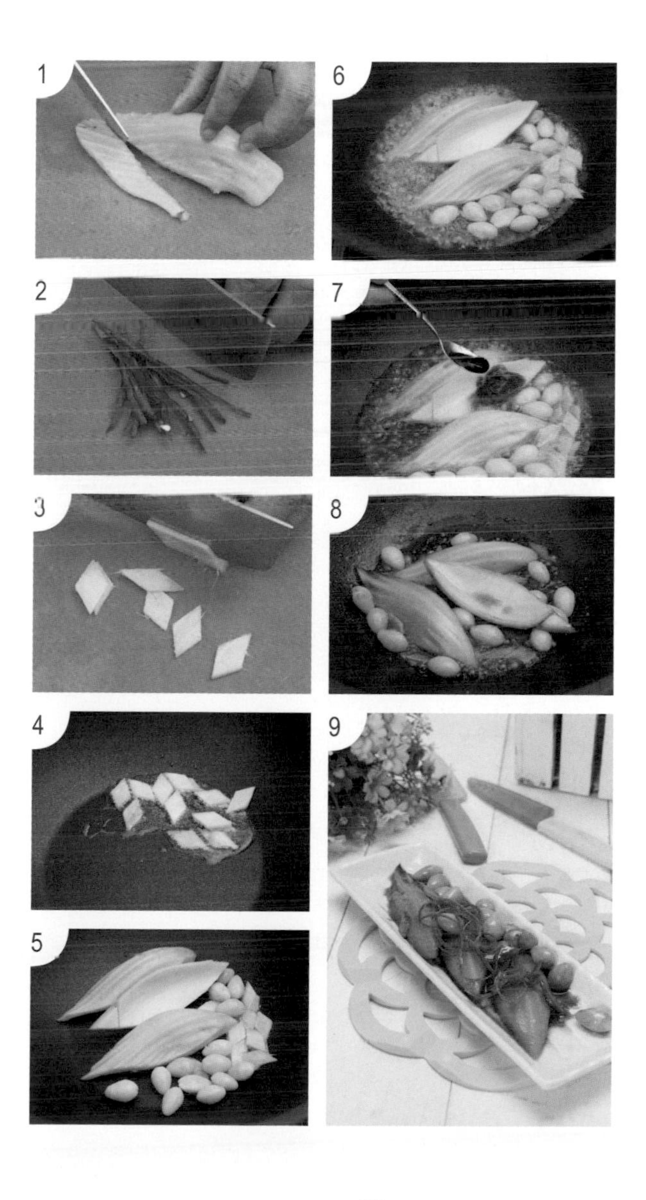

Hello Kitty

髮菜瑤柱

材料

白蘿蔔	400 公克	枸杞	10 公克
瑤柱	100 公克	青花菜	150 公克
菜	5 公克		

調味料

薑片	10 公克
蔥段	50 公克
玉米粉水	1 大匙

材料圖

作法

1. 白蘿蔔去蒂頭去皮(圖 1)，切成圓圈狀(圖 2)，中心挖空(圖 3)。
2. 青花菜去筋膜(圖 4)，備用。
3. 將瑤柱、白蘿蔔、蔥段、薑片、調味料 B 蒸至軟約 10 分鐘取出，備用(圖 5)。
4. 鍋中加入水煮沸放入青花菜汆燙至熟(圖 6)，撈起排入盤中，將瑤柱放置白蘿蔔中心位置，排於青花菜旁備用。
5. 鍋中加入調味料 A、髮菜、枸杞煮沸，加入玉米粉水勾芡(圖 7)淋於白蘿蔔上即完成(圖 8)。

雨水：農曆2月

國曆2月19日或20日，這時春風遍吹，天氣漸暖，雨水增加，可開始調補元氣，促進新陳代謝有效提高免疫功能，防老抗衰，這時可吃新鮮蔬果，補充水分。

芝麻鯖魚

材料

鯖魚肉	400 公克
白芝麻	5 公克
柴魚片	20 公克

調味料

醬油	1 大匙	香油	1 大匙
胡椒粉	1 大匙	冷開水	100 cc
酒	1 大匙		

材料圖

作法

1. 將魚鱗清除洗淨後，取下魚片對切成半 (圖 1-2)。
2. 取一容器放入調味料、鯖魚肉醃製入味 (圖 3-4)，備用。
3. 將魚肉沾上白芝麻 (圖 5) 放入鍋內烤至熟成 (圖 6)，撒上柴魚片即完成。

酒釀紫茄

材料

茄子	400 公克	蔥	10 公克
牛番茄	100 公克	玉米粉水	1 大匙
蒜	10 公克		

調味料

水	100 公克	酒	1 大匙
鹽	少許	番茄醬	2 大匙
酒釀	2 大匙	辣椒醬	1 小匙

材料圖

作法

1. 茄子、牛番茄去蒂切塊，蔥、蒜切末，備用(圖 1-3)。
2. 起油鍋放入茄子炸至金黃撈起備用(圖 4)。
3. 鍋中放入 1 大匙葡萄籽油爆香蒜、蔥(圖 5)，放入茄子、牛番茄、調味料翻炒均勻(圖 6)。
4. 最後加入玉米粉水勾芡，收汁即可盛盤。

冬菜豆苗蒟蒻片

材料

豌豆苗	300 公克	辣椒末	10 公克
蒟蒻	50 公克	冬菜	30 公克
薑末	10 公克		

調味料

醬油	2 大匙	水	100 cc
糖	1/4 小匙	鹽	少許
醬油膏	1 大匙		

材料圖

作法

1. 蒟蒻切片(圖1),冬菜洗淨,豆苗洗淨,備用。
2. 鍋中加入水煮沸,放入蒟蒻氽燙撈起(圖2),備用。
3. 鍋中加入 1 大匙橄欖油,加入豆苗、鹽翻炒均勻即可盛盤 (圖 3)。
4. 鍋中加入 1 大匙橄欖油爆香薑末、辣椒末、冬菜 (圖 4)。
5. 加入蒟蒻片、醬油、糖、醬油膏、水,燒 2 分鐘至收汁入味 (圖 5)。
6. 放於豆苗上即完成 (圖 6)。

1
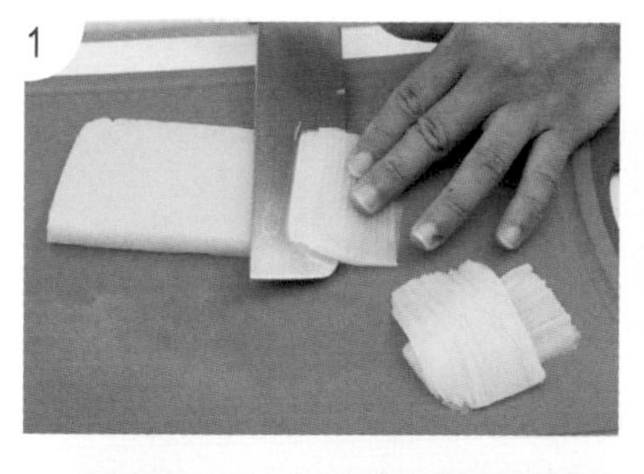

2

3

4

5

6

雪菜蒸紅目鰱

材料

紅目鰱	300 公克
雪菜	100 公克
蒜末	10 公克
香菇	30 公克

材料圖

調味料

辣椒末	5 公克
香菜末	5 公克

作法

1. 雪菜、香菜切末 (圖 1-2)、香菇切絲 (圖 3)、紅目鰱洗淨備用。
2. 鍋中加入 1 大匙葡萄籽油爆香蒜末、辣椒末、香菇絲、雪菜 (圖 4) 加入調味料炒均勻 (圖 5)。
3. 將炒好的雪菜放入紅目鰱上 (圖6) 入鍋中大火蒸至熟(圖7) 取出撒上香菜末即可盛盤。

皮蛋紅蘿蔔煲

材料

紅蘿蔔	400 公克	蒜末	10 公克
皮蛋	1 粒	辣椒末	10 公克
鹹蛋	1 粒	蔥花	20 公克

材料圖

調味料

糖	1/4 小匙
酒	1 大匙
胡椒粉	1/4 小匙
水	100 cc
鹽	少許

作法

1. 皮蛋蒸熟去殼切小丁(圖 1)，鹹蛋去殼切末(圖 2)，紅蘿蔔切一口大小，備用。
2. 鍋中加入水煮沸，放入紅蘿蔔蒸煮至熟撈起，備用。
3. 鍋中加入 1 大匙橄欖油，放入鹹蛋炒至起泡(圖 3)。
4. 接著加入紅蘿蔔、皮蛋、蒜末、辣椒末、蔥花(圖 4)及調味料翻炒均勻(圖 5)即可盛盤。

若是使用壓力鍋，將所有材料切好與調味料一起放入鍋內燜出兩條線即可。

1

2

3

4

5

6

驚蟄：農曆3月

國曆3月5日或6日，春雷初響，在泥土裏的各種冬眠動物醒過來了開始活動，所以叫驚蟄。大部分地區進入春耕。春季養生貴在運動，體質較陰虛的人應多吃清淡食物，補氣益血。

西式蘆筍卷佐奶油醬汁

材料

鮮魚	300 公克	蒜末	10 公克
蘆筍	200 公克		
洋蔥	50 公克		

調味料

鹽	1/4 小匙
胡椒粉	少許
白酒	1 大匙

醃　料

鹽	1/4 小匙
白酒	1 大匙
胡椒粉	少許

材料圖

作法

1. 蘆筍去粗纖維切段(圖1)、洋蔥切末，備用。
2. 鮮魚切片厚度0.5公分(圖2)加入醃料醃至2分鐘入味(圖3)，魚片卷入蘆筍(圖4)，備用。
3. 鍋中加入奶油放入鮮魚卷煎至上色取出(圖5)，放入盤中，備用。
4. 鍋中加入奶油爆香洋蔥末、蒜末、月桂葉，加入鮮奶油、調味料。
5. 煮至濃稠放入鮮魚卷稍收汁即可(圖6)。

1

2

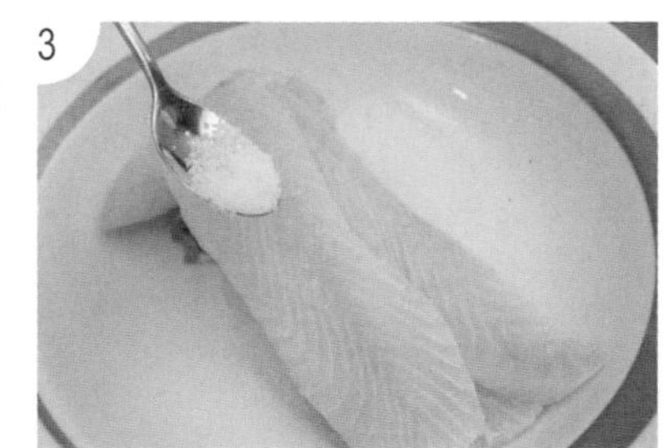
3

4

5

6

乾燒鰹魚

材料

材料	份量	材料	份量
鰹魚	500 公克	蒜	20 公克
蔥	10 公克	辣椒	10 公克
薑	10 公克		

調味料

調味料	份量	調味料	份量
醬油	1 大匙	白醋	1 小匙
糖	1/4 小匙	米酒	1 大匙
鹽	1/4 小匙	香油	1 小匙
		水	80 公克

材料圖

作法

1. 蔥切蔥花(圖 1)、蒜、薑、辣椒切末，備用。
2. 鰹魚洗淨切片(圖 2)放入鍋中煎至金黃色(圖 3-4)，備用。
3. 鍋中加入 1 小匙油爆香蒜、辣椒、薑炒香(圖 5)加入調味料(圖 6)、鰹魚燒至入味(圖 7)。
4. 撒上蔥花與辣椒點綴即可盛盤(圖 8)。

冬筍燒栗子

材料

冬筍	200 公克	蒜末	10 公克
栗子	100 公克		
柳松菇	200 公克		

調味料

蔥絲	10 公克
辣椒絲	10 公克

材料圖

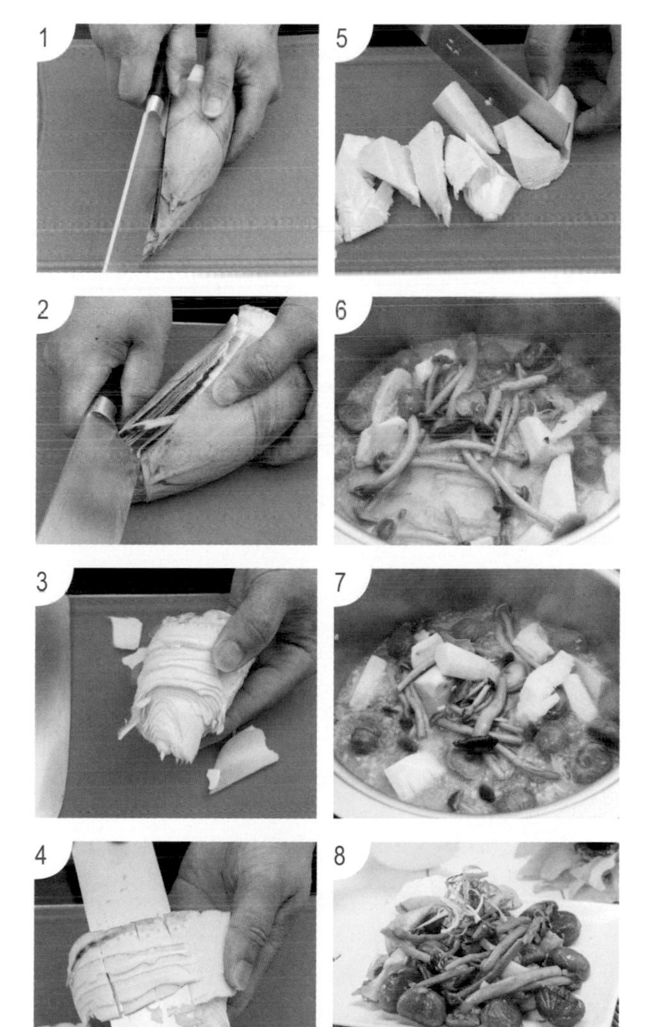

作法

1. 冬筍切塊，備用。(圖 1-5)。
2. 鍋中放入 1 大匙葡萄籽油爆香，蒜末、辣椒絲、蔥絲，加入冬筍、栗子、珍珠菇、調味料，翻炒均勻煮 10 分鐘後即可盛盤 (圖 6-7)。

蠔油鮮蚵

材料

鮮蚵	300 公克	蒜末	10 公克
蒜苗	50 公克	濕豆豉	20 公克
辣椒段（切 1 公分）	20 公克	玉米粉水	1 大匙

材料圖

調味料

醬油	1 大匙
蠔油	2 大匙
水	100 cc

作法

1. 鮮蚵泡鹽水去碎殼 (圖 1)，備用。
2. 蒜苗切 1 公分長段 (圖 2)，辣椒去籽切段 (圖 3) 備用。
3. 起一鍋加入 2 碗水，開大火煮沸，關火放入鮮蚵泡 1 分鐘 30 秒撈起瀝乾 (圖 4)，備用。
4. 起鍋開中火以適量的油加熱爆香蒜末、辣椒段、蒜苗、豆豉 (圖 5) 。
5. 加入水，放入鮮蚵翻炒均勻 (圖 6)，加入玉米粉水勾芡 (圖 7) 即可完成 (圖 8)。

1
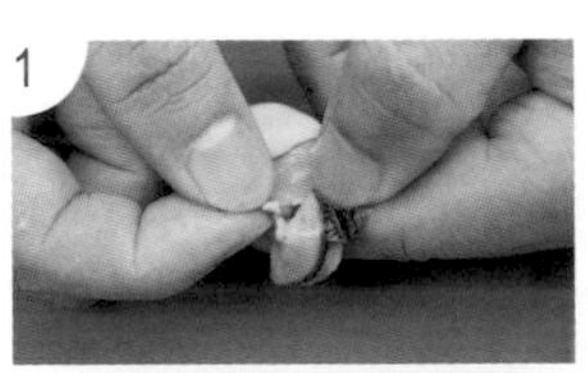
2

3
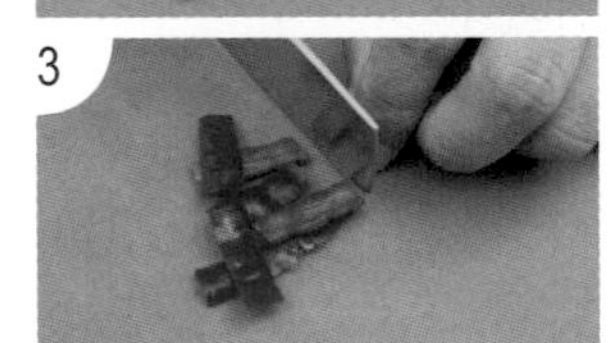
4

5

6

7

8

韭菜米苔目

材料

材料	份量
米苔目	300 公克
香菇絲	50 公克
蛋酥	100 公克
紅蘿蔔絲	10 公克

材料圖

調味料 A

調味料	份量
沙茶醬	1 大匙
糖	1 大匙
水	200 cc
醬油	2 大匙
醬油膏	1 大匙

調味料 B

調味料	份量
醬油	1 小匙
糖	1/4 小匙
酒	1 大匙
全蛋液	1 大匙
玉米粉	1 大匙
水	1 大匙

作法

1. 將肉絲醃入調味料 B 拌勻 (圖 1-2)，備用。
2. 韭菜切段 (圖 3)，備用。
3. 製作蛋酥，蛋打散倒入預熱的鍋中，同時不斷翻炒成蛋絲，大火至金黃色即可 (圖 4)。出現泡沫為正常現象，瀝乾即可 (圖 5)。
4. 鍋中加入 1 大匙沙拉油，放入肉絲炒至熟 (圖 6)，加入香菇絲、紅蘿蔔絲 (圖 7)，加入調味料 A 及米苔目炒至入味，加入韭菜、豆芽菜、蛋酥翻炒均勻 (圖 8)，即可起鍋。

春分：農曆3月

國曆3月20日或21日，這天南北半球晝夜平分。春分是整個春季的中分點，運用在養身保健，則首重人體的陰陽平衡，絕不能一味使用偏熱或偏寒的食材，例如：烹煮蝦（寒性）要加薑蔥酒（溫熱）調料。

蒜絲魚丁

材料

材料	份量	材料	份量
鯛魚肉	200 公克	蔥丁	10 公克
沙拉筍	30 公克	薑片	10 公克
蒜絲	50 公克	辣椒	10 公克
香菇	30 公克	蒜苗白	10 公克

調味料 A

調味料	份量
沙拉油	2 大匙
水	150 cc
太白粉水	1 大匙
醬油	1 大匙
蠔油	2 大匙
酒	1 大匙
糖	1/4 小匙
胡椒粉	1/4 小匙

調味料 B

調味料	份量
鹽	1/4 小匙
全蛋	1 大匙
太白粉	1 小匙

材料圖

作法

1. 鯛魚肉切成2公分正方丁狀(圖1)，並放入碗中，加入調味料B抓拌均勻，醃製3分鐘入味(圖2)，備用。
2. 蒜苗白對切後再切成絲狀(圖3)，沙拉筍切成1公分正方丁狀(圖4)，香菇切成1公分正方丁狀(圖5)，備用。
3. 起鍋放入適量的油加熱至170℃將蒜丁放入煎炸至金黃色(圖6)，備用。
4. 原鍋放入魚丁，煎至兩面金黃色(圖7)，以中小火爆香、薑片、辣椒丁、蔥丁。
5. 加入醬油、蠔油觸熱鍋，加入酒及150 cc的水，依序加入糖、胡椒粉、筍丁、香菇丁、鯛魚丁，以小火燒3分鐘，再加入1大匙太白粉水勾芡(圖8)，置入盤中放上蒜白絲即可(圖9)。

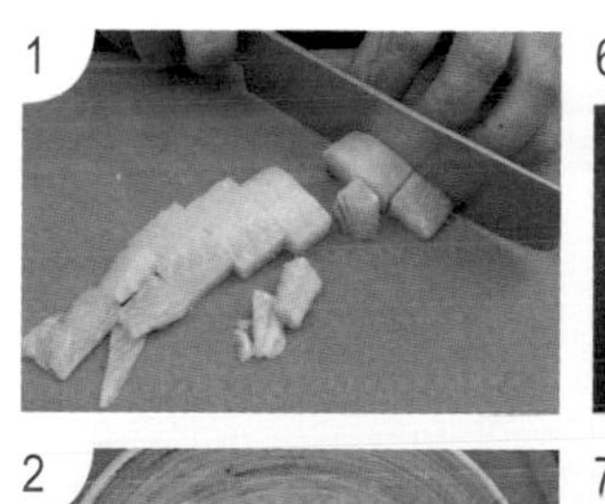

焦糖檸檬甘藷

材料

材料	份量
甘藷	400 公克
糖	50 公克
桂花	1 公克

調味料

調味料	份量
檸檬汁	3 大匙
鳳梨淳	2 大匙
麥芽貽	1 大匙
水	100cc

材料圖

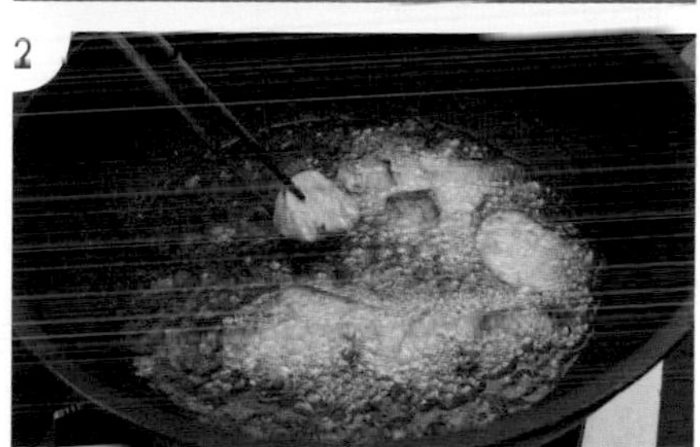

1. 甘藷切塊(圖 1)，備用。
2. 起油鍋放入甘藷炸至金黃(圖 2)、撈起備用。
3. 鍋中放入調味料、糖、甘藷煮至濃稠(圖 3)，撒上桂花(圖 4)即可盛盤。

柴魚茼蒿

材料

材料	份量
茼蒿	400 公克
柴魚絲	10 公克
蒜末	10 公克
培根	100 公克

調味料

調味料	份量
醬油	2 大匙
胡椒粉	1/4 小匙
糖	1/4 小匙
酒	1 大匙

材料圖

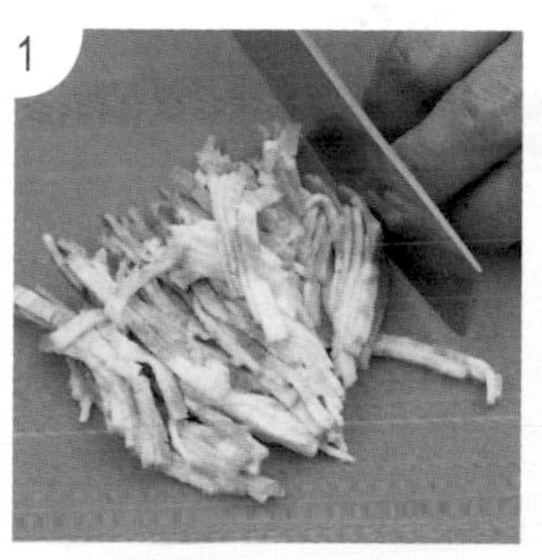

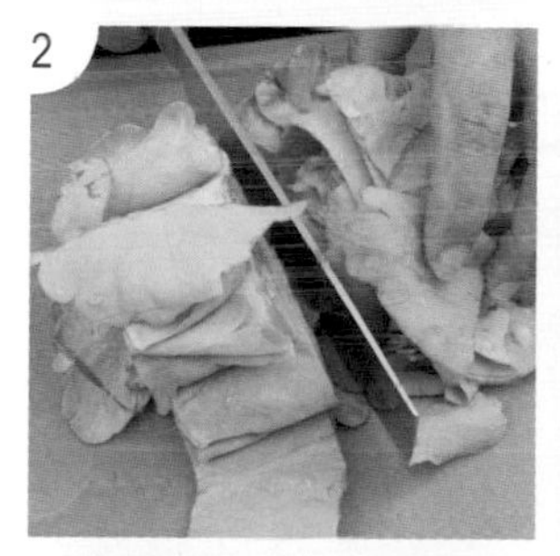

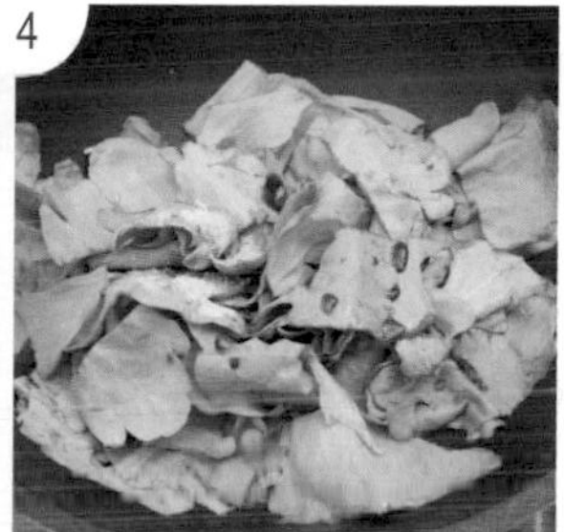

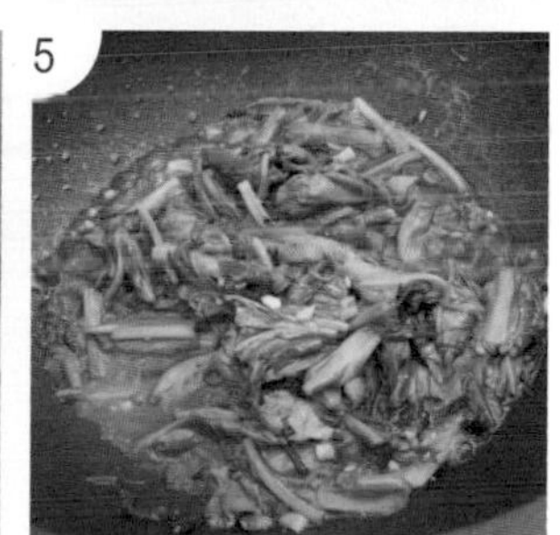

作法

1. 培根切絲(圖 1)，茼蒿洗淨切段(圖 2)，備用。
2. 鍋中加入培根炒至酥脆撈起(圖 3)，備用。
3. 原鍋中留油少許，爆香蒜末、調味料、茼蒿、培根翻炒均勻取出盛盤(圖 4-5)。
4. 放上乾柴魚絲即完成。

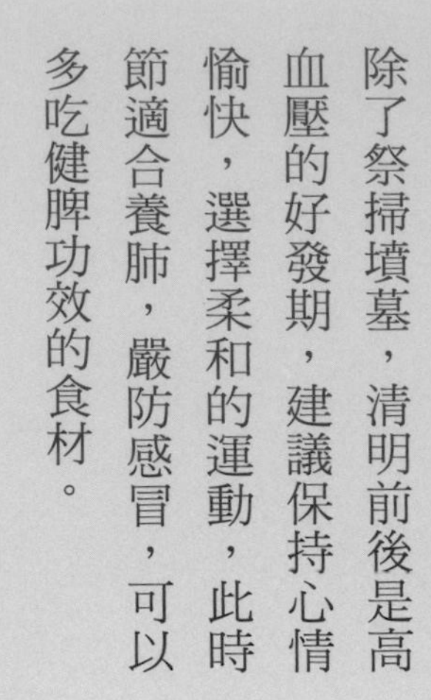

清明：農曆4月

國曆4月4日或5日，清明節除了祭掃墳墓，清明前後是高血壓的好發期，建議保持心情愉快，選擇柔和的運動，此時節適合養肺，嚴防感冒，可以多吃健脾功效的食材。

蝦仁燴莧菜

材料

材料	份量
莧菜	200 公克
鮮蝦	200 公克
薑	10 公克

調味料

調味料	份量
鹽	1 小匙
酒	1 大匙
水	50cc
玉米粉水	1 大匙

材料圖

作法

1. 莧菜切段(圖 1)、鮮蝦開背(圖 2)、薑切片，備用。
2. 鍋中放入 1 大匙葡萄籽油爆香薑片(圖 3)，放入鮮蝦(圖 4)、莧菜、調味料翻炒均勻。
3. 加入玉米粉水適量即可(圖 5)。

1
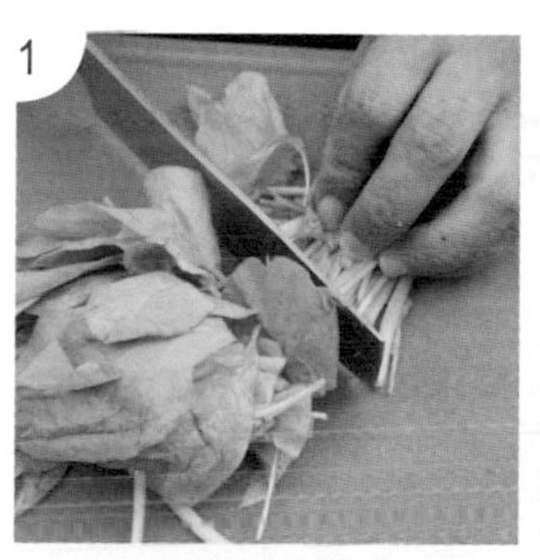

4
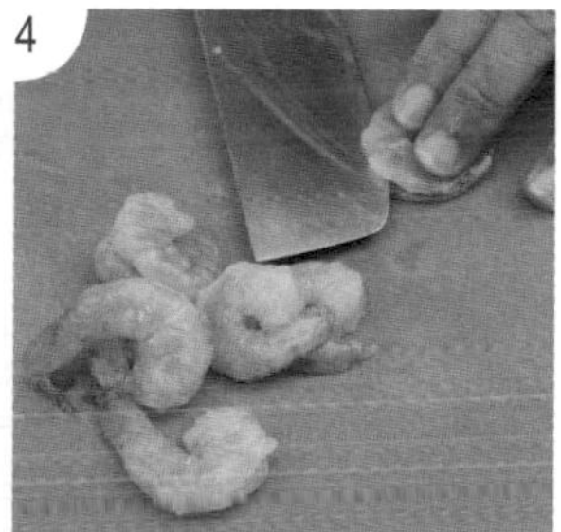

2
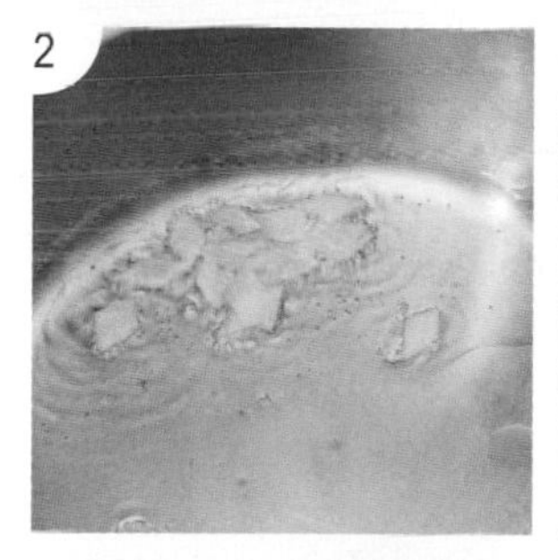

5

3

腐皮洋蔥卷

材料

材料	份量	材料	份量
腐皮	3 張	洋蔥	20 公克
豆芽菜	20 公克	麵粉	30 公克
紅蘿蔔	20 公克		
小黃瓜	20 公克		

和風沙拉醬

材料	份量
醬油	1 大匙
醋	2 大匙
糖	1 大匙
香油	1 大匙

調味料

材料	份量
鹽	1/4 小匙
糖	1 小匙
香油	1 小匙
胡椒粉	1/4 小匙

材料圖

作法

1. 紅蘿蔔、小黃瓜、洋蔥切絲(圖1)。
2. 鍋中加入油爆香豆芽菜、紅蘿蔔、小黃瓜、洋蔥(圖2)調味料拌均勻備用(圖3)。
3. 腐皮包入食材捲起(圖4-5)。
4. 起油鍋將做法3炸至金黃色(圖6)，切對等份(圖7)
5. 將和風沙拉醬配方拌勻即可(圖8)。
6. 食用時沾取和風沙拉醬即可(圖9)。

1

2

3

4

5

6

7

8

9

香酥芋絲櫻花蝦

材料

芋頭絲	200 公克	蔥絲	5 公克
櫻花蝦	30 公克	蒜頭酥	10 公克
紅甜椒絲	20 公克		

材料圖

調味料

糖	少許
鹽	少許
胡椒粉	少許

作法

1. 芋頭切絲 (圖 1)，備用。
2. 起油鍋放入芋頭絲、櫻花蝦炸至酥脆 (圖 2) 並將油瀝乾。
3. 接著鍋中放入香油，爆香紅甜椒絲、蔥絲、蒜頭酥，調味料翻炒均勻 (圖 3)，即可盛盤。
4. 少許的紅甜椒絲、蔥絲可以放最後盛盤時做點綴 (圖 4)。

1

3

2

4

白玉瓜四破魚

材料

冬瓜	300 公克	香菇	50 公克
四破魚	400 公克	香菜	10 公克
薑	20 公克		

材料圖

調味料

醬油	2 大匙
酒	1 大匙
水	100cc

1. 冬瓜、薑、香菇切片 (圖 1-3)，備用。
2. 四破魚洗淨切片 (圖 4)，備用。
3. 薑片與初朵菇乾煸後 (圖 5)，依序放入冬瓜、四破魚片、調味料 (圖 6)，悶煮 5 分鐘至熟成即完成 (圖 7)。
4. 撒上香菜即完成 (圖 8)。

1

2

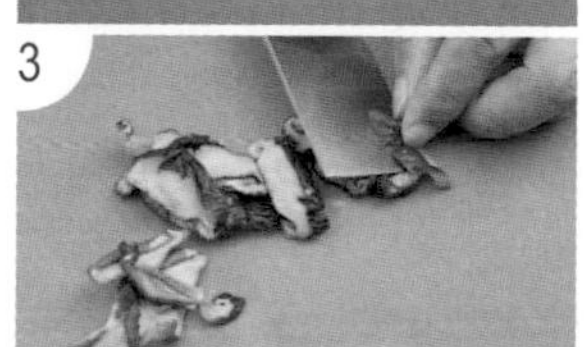

3

4

5

6

7

8

穀雨：農曆4月

4月20日或21日，天氣較暖，雨量增加，是春耕作物播種的好季節。此時天氣忽冷忽熱，因此保持內外平和協調，使體內生理變化與自然環境相互適應。

薑汁鰹魚

材料

鰹魚	500 公克
辣椒片	10 公克
薑絲	30 公克
蒜末	10 公克
九層塔	10 公克

調味料

糖	1 小匙
豆豉	1 小匙
醬油	1 大匙
胡椒粉	少許
米酒	1 大匙
水	300cc
白豆醬	1 大匙

材料圖

1. 薑切絲 (圖 1)、辣椒切片 (圖 2)，備用。
2. 鰹魚洗淨切片 (圖 3)，備用。
3. 起鍋加入 1 大匙油爆香辣椒片、薑絲 (圖 4)，加入豆豉、調味料及鰹魚 (圖 5) 煮熟並收汁 (圖 6)。
4. 關火，加入九層塔即可盛盤完成 (圖 7-8)。

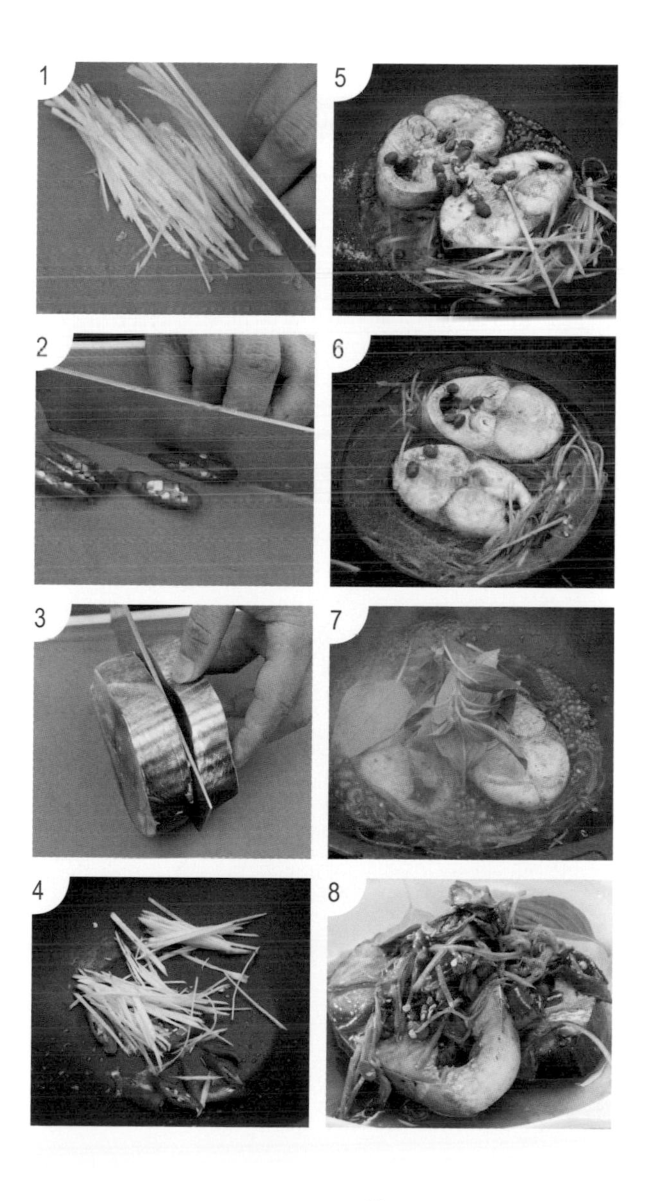

DU'SDREAM

紅目鰱蛋卷

材料

紅目鰱	200公克	蒜	10公克
蛋液	200公克		
蔥	10公克		

調味料

鹽	1/4小匙
酒	1大匙
糖	1/4小匙

材料圖

作法

1. 紅目鰱切片狀(圖1)，蔥、蒜切末，備用。
2. 取一容器放入紅目鰱魚片、蛋液、蔥、蒜、調味料翻炒均勻，備用(圖2)。
3. 鍋中放入2大匙葡萄籽油，倒入做法2(圖3)煎至熟成，卷成圓形狀(圖4)。
4. 取出切一口大小(圖5)，即可盛盤。

1

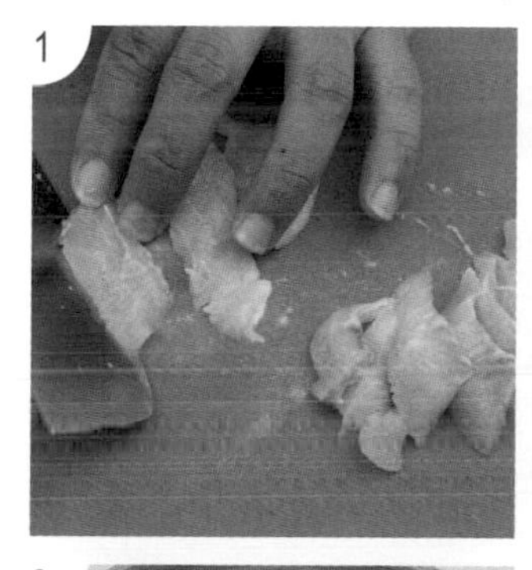

4

2

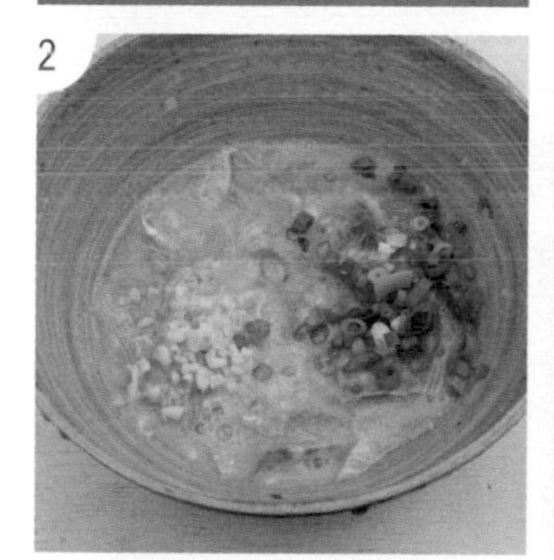

5

3

6

元寶蘑菇

材料

蘑菇	300 公克	紅蘿蔔	20 公克
荸薺	100 公克	四季豆末	20 公克
薑末	10 公克		

調味料

醬油	1 大匙	鹽	1/4 小匙
酒	1 大匙	水	100 cc
糖	1/4 小匙		

材料圖

作法

1. 紅蘿蔔切末、四季豆切末、荸薺切末、蘑菇去蒂頭 (圖 1-4)，備用。
2. 起鍋加入 1 大匙沙拉油，爆香薑末、荸薺末、蘑菇炒至香氣出來 (圖 5)。
3. 加入調味料、紅蘿蔔末，炒至湯汁收乾後 (圖 6)，加入四季豆末翻炒均勻 (圖 7)，即可盛盤完成 (圖 8)。

蜂蜜牛蒡

材料

牛蒡	400 公克
白芝麻	5 公克
洋香菜末	1 公克

調味料

蜂蜜	3 大匙	水	50cc
醬油	1 大匙		
酒	1 大匙		

材料圖

作法

1. 牛蒡去皮切絲 (圖 1-2)，泡水備用 (圖 3)。
2. 起油鍋放入牛蒡炸至金黃 (圖 4-5)，備用。
3. 鍋中放入調味料煮至濃稠 (圖 6)，放入牛蒡、白芝麻翻炒均勻即可盛盤 (圖 7)。
4. 撒上洋香菜末即完成 (圖 8-9)。

鬼頭刀

鬼頭刀營養價值高，是美國喜歡用來做魚排的魚種之一。因此種魚類都獵捕小型魚類，因此本身體內的汙染物累積量較低。另外，運動量大將一些汙染源代謝出體外、營養值高，肉質也相當鮮美。

瓠瓜

有利消水腫，腹脹氣，止渴除煩，低熱量，瓠瓜還含有鈣、鎂、磷等礦物質，以及維生素 A、C 跟 B 群，同時可以吃到多種礦物質跟維生素。屬性偏涼，脾胃虛寒的人不宜多吃。瓠瓜的短絨毛，代表新鮮度，果蒂愈濕愈綠，就愈新鮮。

黃秋葵

富含蛋白質、磷、鐵、鉀、鈣、鋅、錳等和由果膠與多醣等組成的粘性物質，稱為「綠色人蔘」。比人蔘更適合滋補身體，含鈣量與鮮奶相當可達到補鈣效果，幫助消化、增強體力、保護肝臟、健胃整腸。可治胃炎、胃潰瘍、防治便秘、腸癌。屬性偏寒涼，胃腸虛寒、功能不佳，經常腹瀉的人，切忌不可多食。

蕗蕎

別名小蒜，具溫腎助陽作用，為天然的「威而鋼」，要挑選鱗莖飽滿、纖維幼嫩、潔白肥美、不帶異味者。含非溶性食物纖維，能吸收有害致癌物質，含水溶性纖維能降低血醣值與尿酸值，減少血液中膽固醇及使人體內的血液、淋巴液等流動順暢，預防腦梗塞、心肌梗塞及改善高血壓、膽結石。

茭白筍

含有碳水化合物、蛋白質、脂肪、豐富膳食纖維，能補充人體的營養物質。可以止渴、利尿， 宜大眾、尤其婦女產後乳汁不足者、炎熱煩躁、大小便不順、新陳代謝不佳及肥胖者更為合適。切忌脾胃虛寒腹瀉者，患有泌尿系統結石者，勿食。

南瓜

南瓜有效減緩醣尿病症，因為南瓜含偶豐富的鉻和鎳，且有大量植物纖維，延緩小腸吸收醣份的效果，因此患者不會在飽食之後血醣急劇上升，胰島素也因此平穩。

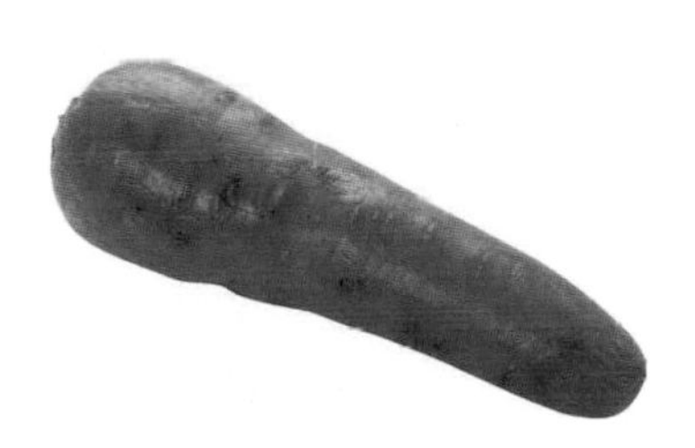

紅蘿蔔

大家都知道Ｂ紅蘿蔔素保護眼睛，能預防夜盲症。也擁有維生素Ａ讓肌膚水嫩，紅蘿蔔還有豐富的茄紅素能讓肌膚抗氧化，老幼年少都合適。

蓮子

養心安神，健脾止瀉， 對於精子形成也有作用。適合體質虛弱，心氣不足，心慌不安，失眠夢多者，切忌大便乾燥、氣滯腹脹者不可多食。特別是中老年人、腦力勞動者更需要蓮子，可預防老人癡呆，增強記憶力。

立夏：農曆5月

國曆5月5日或6日，是夏天的開始但是離酷夏還有一段時間，是台灣冷暖鋒交接的時候，也就是梅雨季節。整個夏季都要注意心臟養護工作，因為心臟在夏季最旺盛，建議心情保持輕鬆愉快。飲食調養宜低脂、低鹽為主。

宮保空心菜

材料

空心菜	400 公克
乾辣椒	50 公克
蒜	20 公克

調味料

醬油	1 大匙
糖	1 小匙
酒	1 大匙

材料圖

作法

1. 空心菜、乾辣椒切段 (圖 1-2)，蒜切片 (圖 3)，備用。
2. 鍋中放入 1 大匙葡萄籽油爆香蒜片、乾辣椒，放入空心菜、調味料翻炒均勻即可盛盤 (圖 4-5)，完成 (圖 6)。

1

2

3
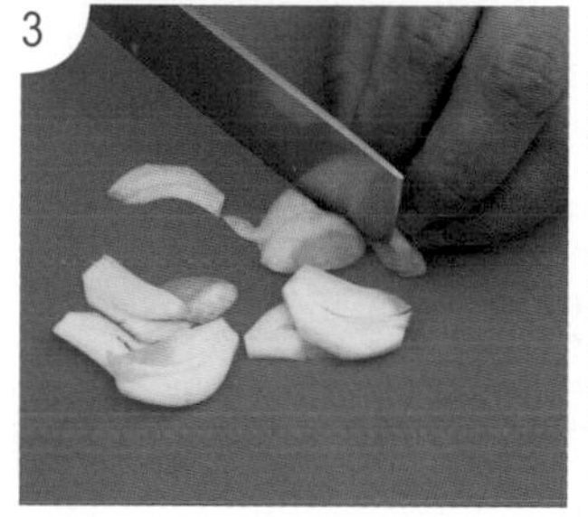

4

5

6

洋芋鬼頭刀

材料

馬鈴薯	200公克	紅蘿蔔	20公克
蛋	50公克	鬼頭刀	1塊
小黃瓜	50公克		

調味料

黃芥末醬	1大匙
鹽	1/4小匙

材料圖

作法

1. 馬鈴薯、小黃瓜、紅蘿蔔切小丁，備用(圖1)。
2. 鬼頭刀取適量大小，煎熟備用(圖2)。
3. 馬鈴薯丁、小黃瓜丁、紅蘿蔔丁、蛋放入滾水中煮熟，取出備用(圖3)。
4. 取一容器加入馬鈴薯.調味料拌均，排入盤中(圖4)。
5. 將步驟4挖取適量鋪底，再放上煎好的魚即完成(圖5)。

1

2

3

4

5

越瓜蒼蠅頭

材料

材料	份量	材料	份量
越瓜	300 公克	薑末	10 公克
絞肉	150 公克	蒜末	10 公克
辣椒	10 公克	生菜葉	200 公克

調味料

調味料	份量	調味料	份量
豆豉	1 大匙	辣豆瓣醬	1 小匙
糖	1 小匙		
酒	1 大匙		

材料圖

作法

1. 越瓜切小丁(圖 1)、辣椒切末(圖 2)，備用。
2. 起鍋加入 1 大匙沙拉油，加入薑末、蒜末、辣椒、絞肉炒香(圖 3)。
3. 加入豆豉、辣豆瓣醬炒至香味出來(圖 4)，加入水及糖、酒、越瓜翻炒均勻(圖 5)即可起鍋。
4. 生菜葉修成圓形泡水，食用時將炒好之料，放入生菜葉上即完成(圖 6)。

櫻花蝦水餃

材料

水餃皮	200 公克	玉米粒	50 公克
新鮮櫻花蝦	50 公克	蔥末	10 公克
絞肉	150 公克		

材料圖

調味料

醬油	1 大匙
鹽	少許
胡椒粉	少許

作法

1. 絞肉加入蔥末、薑末加入調味料拌打至有黏性出來 (圖 1)，備用。
2. 拌打好之絞肉加入新鮮櫻花蝦、玉米粒拌勻 (圖 2)，備用。
3. 將水餃皮包入餡料，外圍沾水，順著手勢摺皺褶並按壓使餃皮黏合 (圖 3-5)。
4. 鍋中加入水煮沸，放入包好之水餃開小火煮至水餃浮起來撈起盛盤即完成 (圖 6)。

禪意瓠瓜

材料

瓠瓜	500 公克	鹹蛋黃	2 粒
黃甜椒	100 公克	香菜葉	5 公克
洋蔥	100 公克	高湯	200 cc
地瓜泥	100 公克		

材料圖

調味料

鮮奶油	3 大匙
醬油	1 大匙
酒	1 大匙
鹽	少許

1. 瓠瓜去皮對切 (圖 1-2)、黃甜椒切絲 (圖 3)、洋蔥切絲 (圖 4)，備用。
2. 鹹蛋黃蒸熟切成末，備用 (圖 5)。
3. 鍋中加入高湯放入瓠瓜燜煮至熟 (圖 6)，排入盤中，備用。
4. 鍋中加入 1 大匙橄欖油爆香洋蔥絲、鹹蛋黃末、黃甜椒絲，放入果汁機中加入高湯打成泥過濾，備用。
5. 將打好之洋蔥泥倒入鍋中，加入地瓜泥、調味料煮至濃稠 (圖 7-8)。
6. 將步驟 5 淋在瓠瓜上即可完成 (圖 9)。

小滿：農曆5月

國曆5月21日或22日，此時依然在梅雨季節，加上氣溫上升造成又濕又熱的狀況注意皮膚方面的疾病，過敏膚質的人在換季上更需注意。飲食調養建議黃瓜、絲瓜、山藥、鴨肉等，忌油煎燒烤等使升火燥熱的食材。

黃秋葵炒雞柳

|材料|

材料	份量	材料	份量
雞腿肉	300 公克	薑片	10 公克
黃秋葵	100 公克	蔥段	20 公克
蒜片	10 公克		
番茄	100 公克		

|調味料|

調味料	份量
醬油	2 大匙
糖	1/4 小匙
酒	1 大匙
芥茉	1/4 小匙
水	100 cc

|醃料|

醃料	份量
醬油	2 大匙
糖	1/4 匙
酒	1 大匙
全蛋液	1 大匙
玉米粉	1 大匙

材料圖

|作法|

1. 雞腿肉切條狀加入醃料醃入味(圖 1)，番茄切條，黃秋葵去蒂頭(圖 2)，備用。
2. 鍋中加入適量的油，放入雞腿肉條炸至上色取出排盤(圖 3-4)，備用。
3. 原鍋留少許油爆香蒜片、番茄、薑片、蔥段、黃秋葵(圖 5)。
4. 接著加入調味料、炸好的肉條燒至入味即可盛盤(圖 6)。

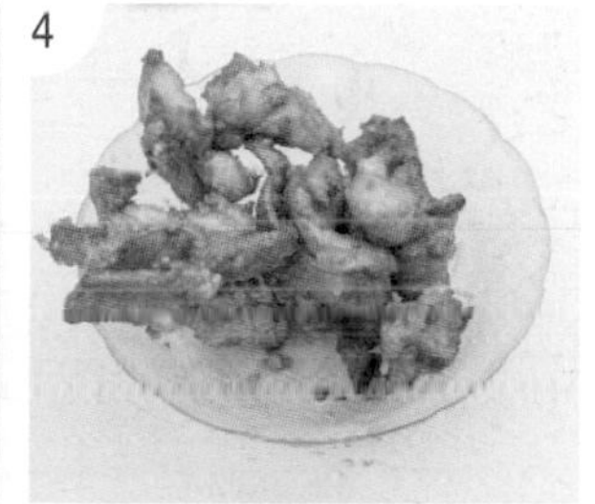

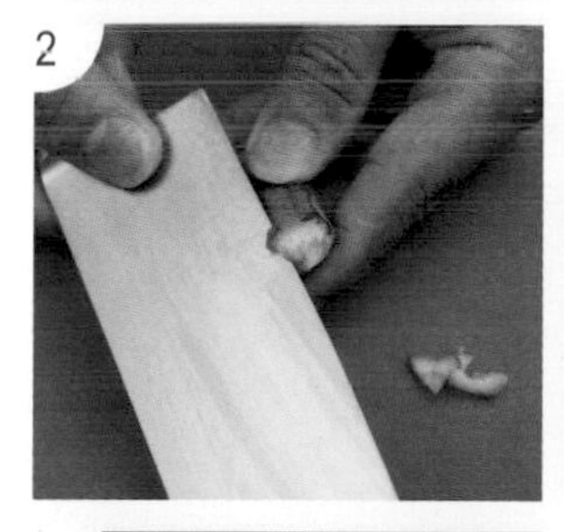

蕗蕎炆排骨

材料

材料	份量
蕗蕎	300 公克
排骨	200 公克
初朵菇	100 公克

調味料

調味料	份量	調味料	份量
醬油	2 大匙	胡椒粉	少許
糖	1/2 小匙	蠔油	1 大匙
酒	1 大匙	太白粉水	1 大匙

材料圖

1

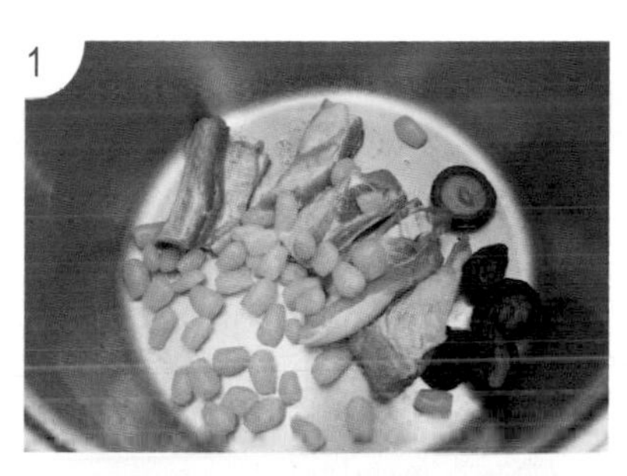

2

3

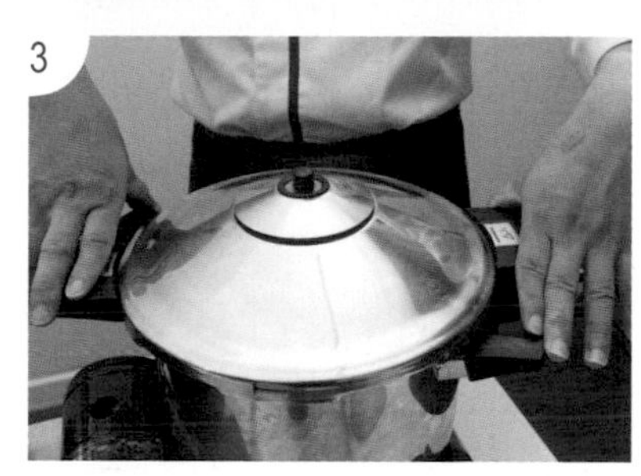

作法

1. 蕗蕎洗好，排骨切條備用(圖 1)。
2. 鍋中加入水煮沸放入排骨汆燙，撈起備用。
3. 鍋中放入蕗蕎、排骨、初朵菇、調味料小火慢滾煮至熟後，加 1 大匙太白粉水即可盛盤(圖 2-3)。

若是使用壓力鍋，直接步驟 3，並加水 200cc，燜煮 10 分鐘即可。

芒種：農曆6月

國曆6月6日或7日，此時天氣會為濕熱，梅雨季轉為午後雷陣雨，容易讓人感到疲倦，建議飲食可多攝取大量維生素，從瓜類蔬菜除了有維生素C更能促進對氧的吸收，提高對病毒的抵抗力，此外多加補充水分，避免中暑。

塔香炒小卷

芒種

農曆6月

材料

小卷	300 公克	辣椒片	10 公克
薑	20 公克	蔥段	10 公克
蒜末	20 公克	九層塔	5 公克

調味料

醬油	1 大匙	酒	1 大匙
糖	1 小匙	豆豉	2 大匙
胡椒粉	1/4 小匙	水	100 公克

材料圖

作法

1. 小卷去墨囊切花刀(圖 1-3)、薑切粗絲(圖 4)，備用。
2. 鍋中加入油放入豆豉、薑、蒜末、辣椒片、蔥段炒香(圖 5)。
3. 加入小卷及所有調味料翻炒均勻(圖 6)。
4. 加入九層塔拌勻即完成(圖 7)。

馬告牛腩煲

材料

牛腩	400cc	白蘿蔔	200 公克
馬告	5 公克		
香菜	5 公克		

調味料

可樂	100cc	辣椒醬	1 小匙
酒	2 大匙		
醬油	3 大匙		

材料圖

作法

1 牛腩切塊(圖 1)、白蘿蔔切塊(圖 2)，備用。

2. 鍋中放入牛腩、白蘿蔔、馬告、調味料翻炒拌勻，煮至軟爛即可盛盤(圖 3-6)。

3. 撒上香菜即完成(圖 7)。

若是使用壓力鍋蓋上鍋蓋 10 分鐘即可。

墨西哥番茄煮淡菜

材料

品項	份量	品項	份量
番茄	200 公克	洋蔥末	100 公克
淡菜	300 公克	巴西里末	2 公克
蒜末	10 公克		

調味料

品項	份量	品項	份量
番茄醬	3 大匙	白酒	1 大匙
辣椒水	1 大匙	檸檬汁	1 大匙
鹽	少許	水	200 cc

材料圖

作法

1. 番茄切小丁，備用 (圖 1)。
2. 鍋中加入 1 大匙橄欖油，爆香蒜末、洋蔥末、番茄丁 (圖 2)。
3. 加入調味料、淡菜燒至入味後盛盤 (圖 3-4)，上撒巴西利末即完成。

1

2

3

4

優格綠筍沙拉

材料

綠竹筍	400 公克	鮮蝦	100 公克
優格	200 公克	紅甜椒末	10 公克
芒果泥	50 公克		

調味料

蜂蜜	1 小匙
蘋果醋	1 小匙

材料圖

作法

1. 綠竹筍煮熟，中間挖空，將果肉切塊備用 (圖 1-2)。
2. 鮮蝦去殼去腸泥放入鍋中汆燙，撈起備用 (圖 3-5)。
3. 取一容器加入調味料、鮮蝦、優格拌勻 (圖 6)。
4. 將綠竹筍排入筍殼中 (圖 7)，上放先蝦灑上紅甜椒末即完成 (圖 8)。

1
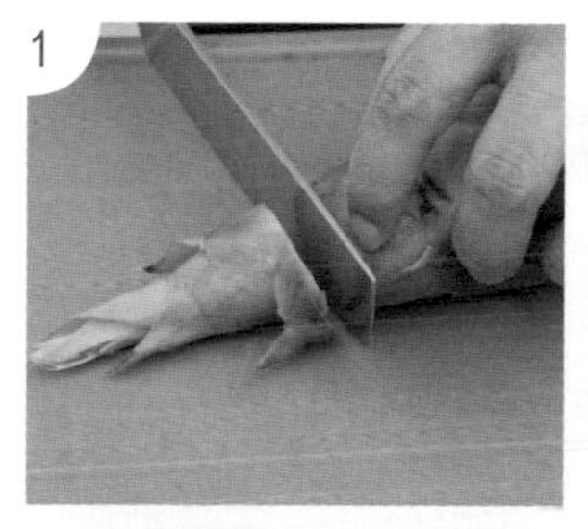

2
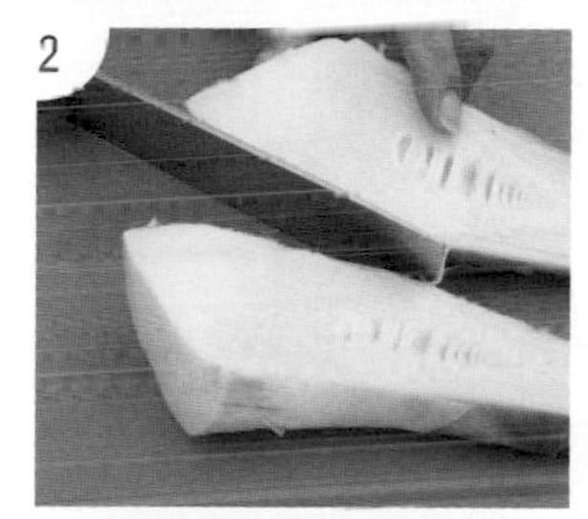

3

4
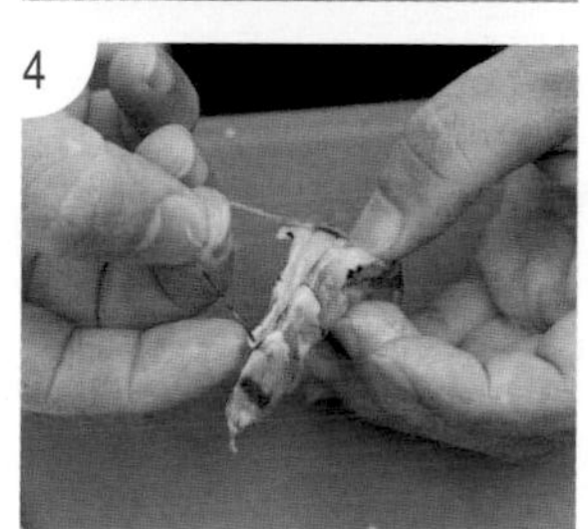

5

6

7
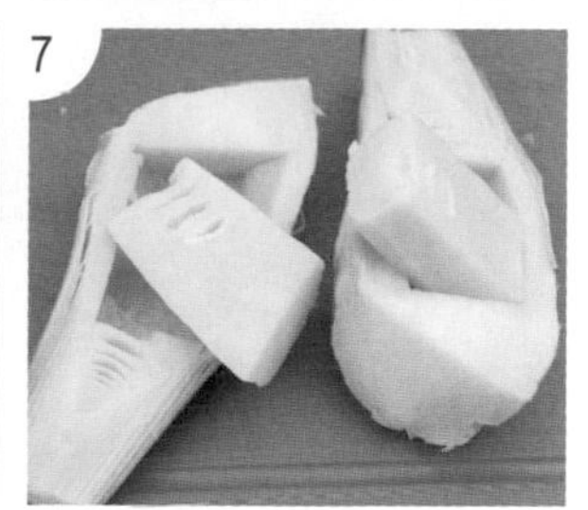

8

夏至：農曆6月

國曆6月21日或22日，陽光直射北回歸線白天最長的時候。特別注意颱風的來襲，運動建議選擇清晨與傍晚天氣較為涼爽，運動後不宜飲用冰水。天氣炎熱，消化系統相對減弱，飲食不宜過熱，消暑解熱西瓜、綠豆湯都是不錯的選擇！但是過量食用冰冷食物會傷脾胃，請斟酌食用。

樹籽蒸鬼頭刀

材料

鬼頭刀	300 公克	辣椒絲	10 公克
樹籽	10 公克	薑絲	10 公克
米苔目	200 公克	香菜段	10 公克
蔥絲	10 公克		

調味料

魚露	1 大匙	水	150 cc
醬油	2 大匙	糖	1/4 小匙
酒	1 大匙		

材料圖

作法

1. 鬼頭刀洗淨切花刀，備用 (圖 1)。
2. 取一容器加入調味料翻炒均勻即成醬汁，備用 (圖 2)。
3. 將米苔目、鬼頭刀淋上醬汁、樹籽，放入鍋中蒸煮 10 分鐘至熟成 (圖 3)。
4. 先將米苔目放入盤中，再放上魚、最後撒上蔥絲、辣椒絲、薑絲、香菜段即完成 (圖 4)。

1

2

3

4

豆瓣鮮鎖管

材料

鎖管	300 公克	薑末	10 公克
蛋豆腐	1 盒	水	300 cc
蒜末	20 公克	香油	1 小匙
蔥花	10 公克	玉米粉水	1 大匙

調味料

豆瓣	3 大匙	胡椒粉	1/4 小匙
糖	1 小匙	酒釀	1 大匙
醬油	1 大匙	白醋	1 小匙
酒	1 大匙	水	300 cc

材料圖

作法

1. 以剪刀將鎖管去墨囊 (圖 1-2)、蛋豆腐切條狀 (圖 3)，備用。
2. 鍋中加入 2 大匙沙拉油，放入蛋豆腐煎至金黃 (圖 4-5) 撈起，備用。
3. 原鍋加入 1 大匙沙拉油，放入蒜末、薑末及調味料加入鎖管、蛋豆腐燒至入味 (圖 6-7)。
4. 加入玉米粉水芶芡，撒上蔥花、淋上香油即完成 (圖 8)。

醋溜土豆絲

材料

馬鈴薯	300 公克	辣椒絲	10 公克
蔥絲	10 公克	蒜末	10 公克
乾辣椒	50 公克	蒜花生	50 公克

調味料

白醋	3 大匙	香油	1 大匙
鹽	1/4 小匙		
糖	1 小匙		

材料圖

作法

1 馬鈴薯去皮切絲，泡水備用(圖 1)。

2. 辣椒、乾辣椒切絲(圖 2-3)。

3. 鍋中放入水煮沸加入馬鈴薯絲汆燙撈起，備用。

4. 鍋中放入 1 大匙葡萄籽油，爆香乾辣椒、辣椒絲、蒜末(圖 4)。

5. 加入馬鈴薯絲、蒜花生、調味料翻炒均勻入味盛盤即可完成(圖 5-6)。

日式煮茄子

材料

茄子	300 公克
蔥	10 公克
辣椒絲	10 公克

調味料

味噌	1 大匙	酒	1 大匙
味霖	1 大匙	糖	1 小匙
醬油	2 大匙	水	300 cc

材料圖

作法

1. 茄子去皮切花刀 (圖 1-2)，蔥絲與辣椒絲泡水 (圖 3)，備用。
2. 起鍋加入 1 大匙沙拉油，加入調味料及茄子煮 6 分鐘入味取出排盤 (圖 4)。
3. 放上蔥絲及辣椒絲裝飾即完成。

1

2

3

4

小暑：農曆7月

國曆7月7日或8日，悶熱無風的季節，注意防曬之外，此時節因為氣溫高，食物容易腐壞，注意腸胃方面的不適，夏季飲食雖然重清淡也必須調節得宜，不能一味吃冷食。

家常魷魚

材料

材料	份量	材料	份量
魷魚	300 公克	辣椒片	10 公克
芹菜	150 公克	木耳絲	30 公克
薑片	10 公克	太白粉水	1 大匙
蒜片	10 公克		

調味料

調味料	份量	調味料	份量
辣椒醬	2 大匙	胡椒粉	1/4 小匙
醬油	1 大匙	檸檬汁	1 大匙
酒	1 大匙	水	100 cc
糖	1 小匙		

材料圖

作法

1. 魷魚切花刀 (圖 1-2)，備用。
2. 木耳切絲、芹菜切段、辣椒切段去籽、蒜、薑切片，備用 (圖 3-5)。
2. 鍋中加入水煮滾，放入魷魚汆燙 30 秒後撈起，備用 (圖 6)。
3. 鍋中加入 1 大匙沙拉油，爆香薑片、蒜片、辣椒片 (圖 7)。
4. 加入調味料、魷魚、芹菜、木耳絲翻炒均勻，加入太白粉水勾芡即完成 (圖 8-9)。

HOME

冬菜茭白筍

材料

茭白筍	400 公克	薑末	10 公克
冬菜	50 公克	蒜末	10 公克
蔥花	10 公克	香菜末	10 公克
辣椒末	10 公克		

調味料

豆豉	1 大匙	糖	1/4 小匙
醬油	1 大匙	水	100 cc
酒	1 大匙		
胡椒粉	少許		

材料圖

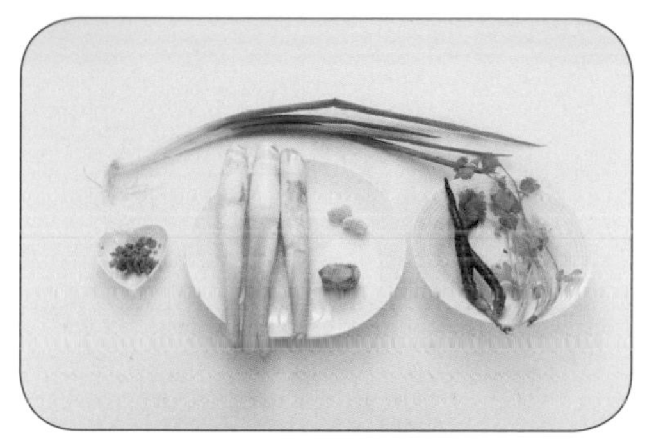

作法

1. 茭白筍去殼切圓型 (圖 1)、冬菜洗淨備用。
2. 鍋中加入 2 大匙葡萄籽油，放入茭白筍煎至金黃 (圖 2)，取出備用。
3. 原鍋爆香蔥花、薑末、蒜末、辣椒末、冬菜 (圖 3)。
4. 接著加入茭白筍、調味料翻炒均勻後，悶煮 5 分鐘 (圖 4-5)。
5. 盛盤後撒上香菜末即完成 (圖 6-7)。

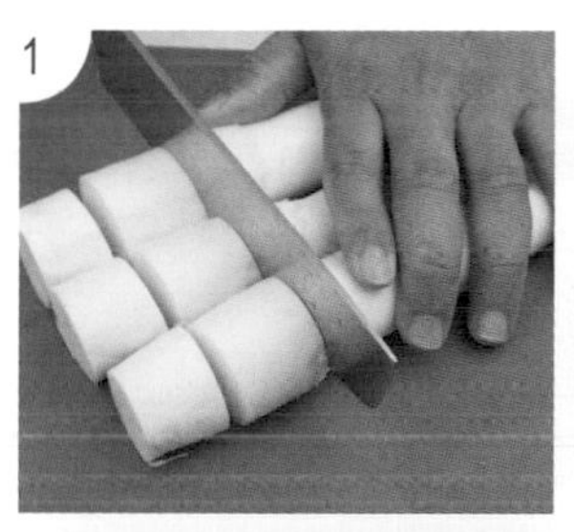
1

2

3

4

5

6

7

金沙南瓜

材料

南瓜	400 公克
鹹蛋黃	100 公克

材料圖

調味料

鹽	少許
酒	1 大匙

作法

1. 將蒸熟的鹹蛋黃切末、南瓜去皮切片，備用 (圖 1-2)。
2. 起油鍋放入南瓜片炸至熟成取出，備用 (圖 3)。
3. 鍋中放入 1 大匙葡萄籽油炒香鹹蛋黃 (起泡)，放入南瓜片、調味料翻炒均勻即可盛盤 (圖 4-6)。

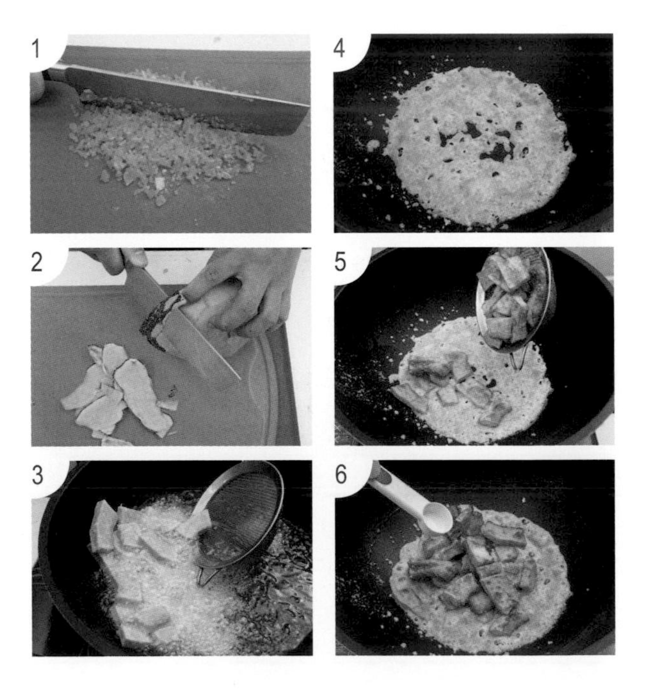

紅蘿蔔八寶菜

材料

芹菜	50 公克	松子	20 公克
竹筍絲	50 公克	腰果	20 公克
初朵菇絲	50 公克	豆干	50 公克
紅蘿蔔	50 公克	枸杞	20 公克

材料圖

調味料

鹽	1/4 小匙
糖	少許
胡椒粉	少許
香油	1 大匙
水	50 cc

1. 芹菜去葉洗淨切段、紅蘿蔔切絲、豆乾切絲、竹筍切絲、初朵菇切絲，備用 (圖 1-5)。
2. 起油鍋將松子、腰果、豆乾煸至上色撈起，備用 (圖 6)。
3. 鍋中加入 1 大匙橄欖油爆香初朵菇絲、紅蘿蔔絲、竹筍絲、加入調味料 (圖 7-8)。
4. 接著加入芹菜、豆干、枸杞翻炒均匀放入松子、腰果翻炒均匀即可盛盤 (圖 9-11)。

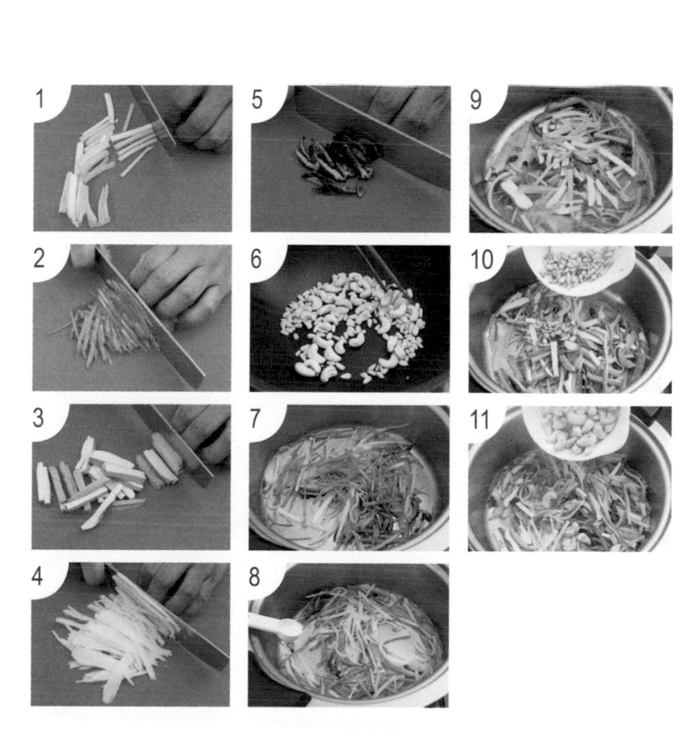

大暑：農曆7月

國曆7月23日或24日，有句有趣的俗諺說：「小暑大暑無君子」，意思是這兩個節氣太炎熱，很多耕種的農夫不顧面子把衣服脫了！此時天氣炎熱使人心浮氣燥、火氣旺盛難以入睡，雖然現在的我們有冷氣，但是溫度不宜太低，以免內外溫差大感冒了可不好，特別注意補充水分，多吃水果。

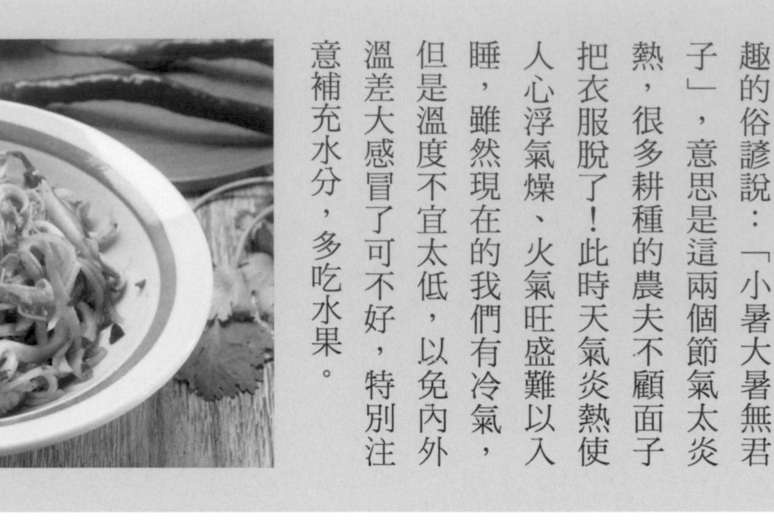

脆筍金勾魷魚

材料

材料	份量	材料	份量
魷魚	200 公克	辣椒絲	10 公克
竹筍	300 公克	蒜末	10 公克
金針菇	100 公克	蔥段	10 公克

調味料

調味料	份量	調味料	份量
鹽	1/4 小匙	胡椒粉	少許
酒	1 大匙	辣椒醬	1 小匙
糖	少許	水	100 cc

材料圖

作法

1. 魷魚泡發切絲，竹筍、辣椒切絲，蔥切段，備用 (圖 1-4)。
2. 鍋中加入 1 大匙橄欖油，爆香蔥段、蒜末，放入金針菇、辣椒絲、竹筍絲、魷魚、調味料，翻炒均勻即可盛盤 (圖 5-8)。

大暑

農曆7月

黃金奶油玉米

材料

奶油	50 公克	洋香菜末	2 公克
玉米	500 公克		
麵糊	4 大匙		

材料圖

調味料

鹽	1/4 小匙
水	100 公克

作法

1. 玉米洗淨切段再對切，備用 (圖 1-2)。
2. 鍋中放入奶油爆香玉米，加入調味料燜煮 20 分至熟，備用 (圖 3-4)。
3. 將麵糊放入玉米拌勻即可盛盤，灑上洋香菜末即完成 (圖 5)。

1

2

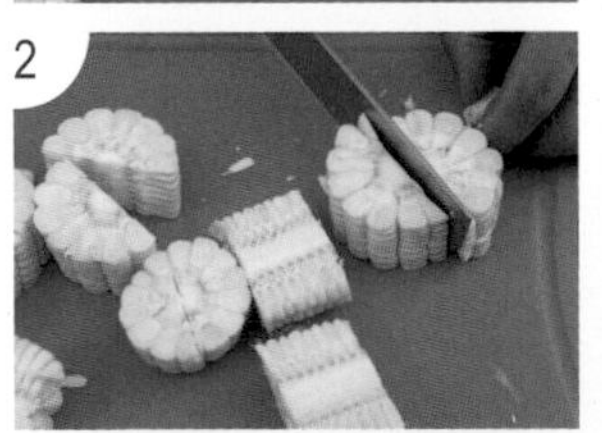

3

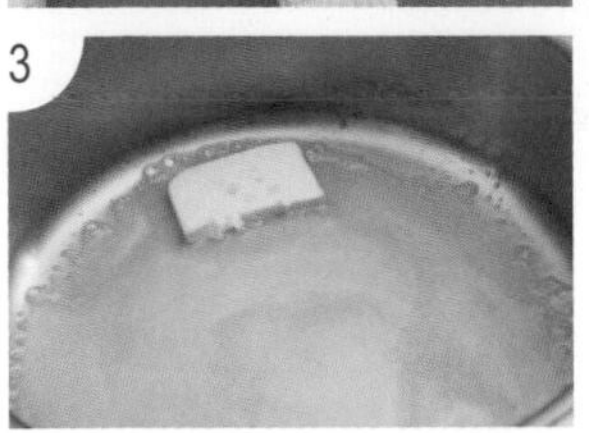

4

5

鮮菇絲瓜盅

材料

絲瓜	200 公克	蒜末	10 公克
初朵菇	100 公克	蔥花	10 公克
美白菇	100 公克	薑絲	10 公克

材料圖

調味料

鹽	少許
糖	少許
香油	1 大匙

1. 絲瓜去皮切厚片挖成盅，備用 (圖 1-2)。
2. 初朵菇泡水去梗備用。
3. 鍋中加入初朵菇、美白菇煸香加入調味料、蒜末、蔥花、薑絲翻炒均勻 (圖 3-4)。
4. 絲瓜盅放入炒好之菇，放蒸煮 5 分鐘至熟成即可盛盤 (圖 5-6)。

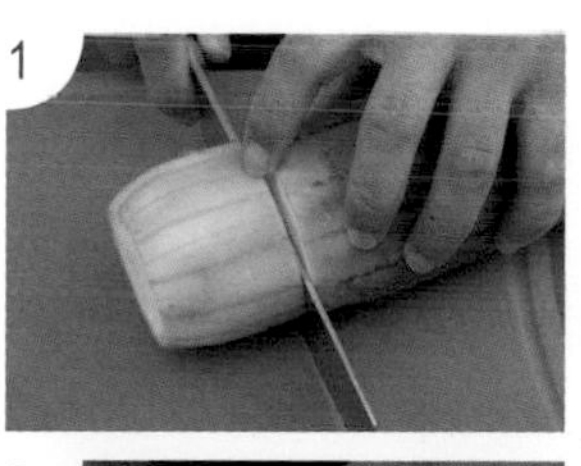
1

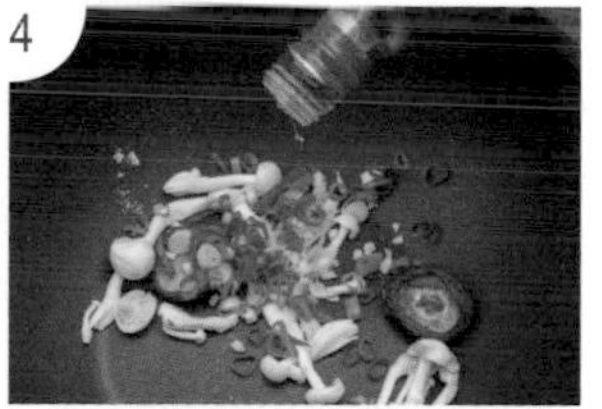
4

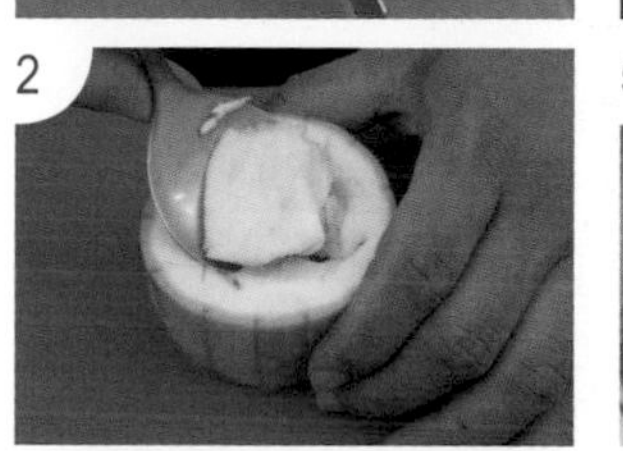
2

5

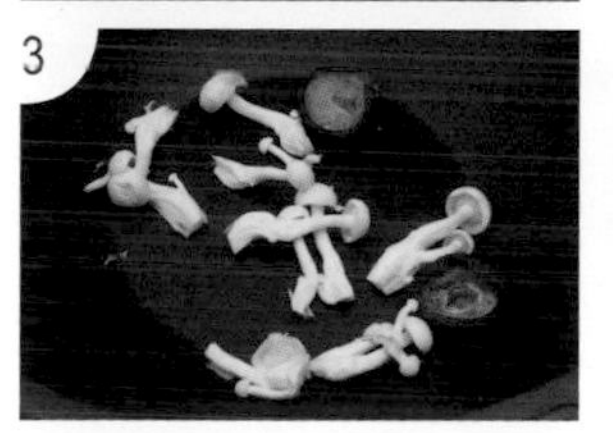
3

6

親子蓮釜飯

材料

蓮藕	100公克	米	200公克
蓮子	100公克	秋葵	50公克
枸杞	5公克		

調味料

醬油	1小匙	香油	1大匙
鹽	少許	水	200cc
糖	少許		

材料圖

作法

1. 蓮藕切片(圖1)，秋葵去蒂頭(圖2)，斜切小段(圖3)，蓮子去心(圖4)備用。
2. 米洗淨瀝乾(圖5)，備用。
3. 鍋中放米加水200cc(圖6)，依序放入蓮藕片、蓮子、枸杞、秋葵(圖7-10)。
4. 將調味料放入鍋中煮8分鐘，再燜15分鐘。
5. 最後開鍋蓋，即可盛盤。

蒜

大蒜有消毒、增強免疫力的效果，也是加班熬夜的好夥伴，預防和降低心血管疾病。大蒜屬於刺激性食物不宜大量食用與空腹、胃潰瘍等時候食用。

香菫

植物蛋白的來源，富含多種營養素，特別功效能將人體的毒素排出體外，可抑制血清跟肝臟中膽固醇的上升，適用脾胃虛弱、消化不良、氣虛乏力、慢性肝炎、腎炎水腫、各種貧血、婦女更年期綜合症、各種感冒、高血壓、高脂血症、醣尿病等。

山藥

山藥含蛋白質、脂肪、維生素 A、C、B1、B2。可以促進食慾，有效消除疲勞增強體力及免疫力，提高新陳代謝，增強免疫力與抗氧化。適合體虛者也可作長期保養養生，反之便秘、感冒者不宜食用。

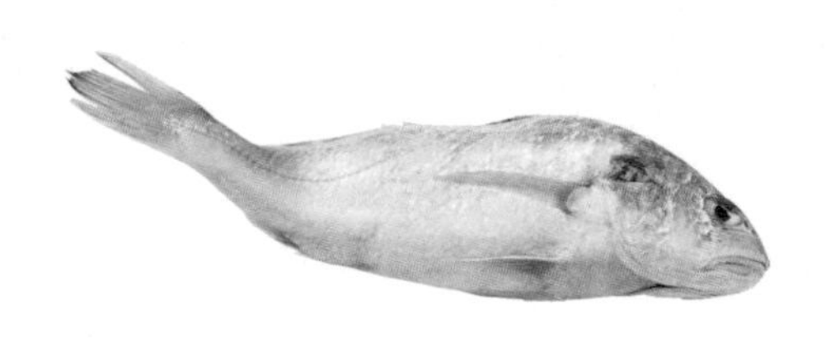

鯖魚

俗名白北仔、白腹仔、台灣馬加鰆，就是台灣人不陌生的土魠魚，此種魚類營養價值十分高，含有大量的不飽和脂肪酸，還有豐富的礦物質、高量的鈣質、維生素等，對人體健康相當有幫助。多食用可以預防疾病，甚至還有抗老防癌的功效。

紅棗

對於脾胃虛弱、腹瀉、倦怠無力的人，吃紅棗能補中益氣、健脾胃，達到增加食慾，止瀉的功效。養血安神適合經常熬夜的人與產後食用，提升身體的元氣，補氣血。

高麗菜

含有維生素 B、C、K、U、鈣、磷、鉀、有機酸、膳食纖維等營養素。其中又以鈣的含量最為豐富，是黃瓜的五倍、番茄的七倍之多。維生素 U 可以促進胃的新陳代謝、促進胃的黏膜修復；膳食纖維則促進排便。請注意消化功能不良，容易腹瀉、甲狀腺功能失調者切忌大量食用。

荸薺

口感甜脆營養價值高，含有蛋白質、粗纖維、胡蘿蔔素、維生素 B、C、鐵、鈣。用來烹調可制澱粉。它的纖維是球狀的，容易吸附雜物，有很好的清理腸道功能。

芋頭

芋頭為鹼性食品，能中和體內積存的酸性物質，調整人體的酸鹼平衡，防治胃酸過多症狀，幫助消化，補益中氣。特別注意醣尿病患者不可多食，咳嗽有痰，過敏體質不宜食用。

立秋：農曆8月

國曆8月7日或8日，秋天開始不過台灣因為緯度低，所以真正的涼爽秋季還要再等段日子才會來。雖然如此節氣與身體的運轉是有個原則在走的，所以由熱轉涼的立秋，飲食可多吃芝麻等潤燥食材，消暑的食物則減少。

蒜泥鮮蝦

材料

白蝦	300 公克	話梅	1 粒
蒜頭	30 公克	水	300 cc
蔥花	10 公克	冬粉	1 把

調味料

醬油	2 大匙	油膏	3 大匙
酒	1 大匙	味霖	2 大匙
水	100 cc	糖	1/4 小匙

材料圖

作法

1. 將白蝦不去殼對切去腸泥 (圖 1-2)，冬粉泡軟備用 (圖 3)。
2. 取一容器放入所有調味料加入話梅拌勻備用 (圖 4)。
3. 起鍋加入水 300 cc，加入冬粉、白蝦淋上蒜泥汁蓋上鍋蓋燜煮 4 分鐘 (圖 5-6)。
4. 取出排盤灑上蔥花即可。

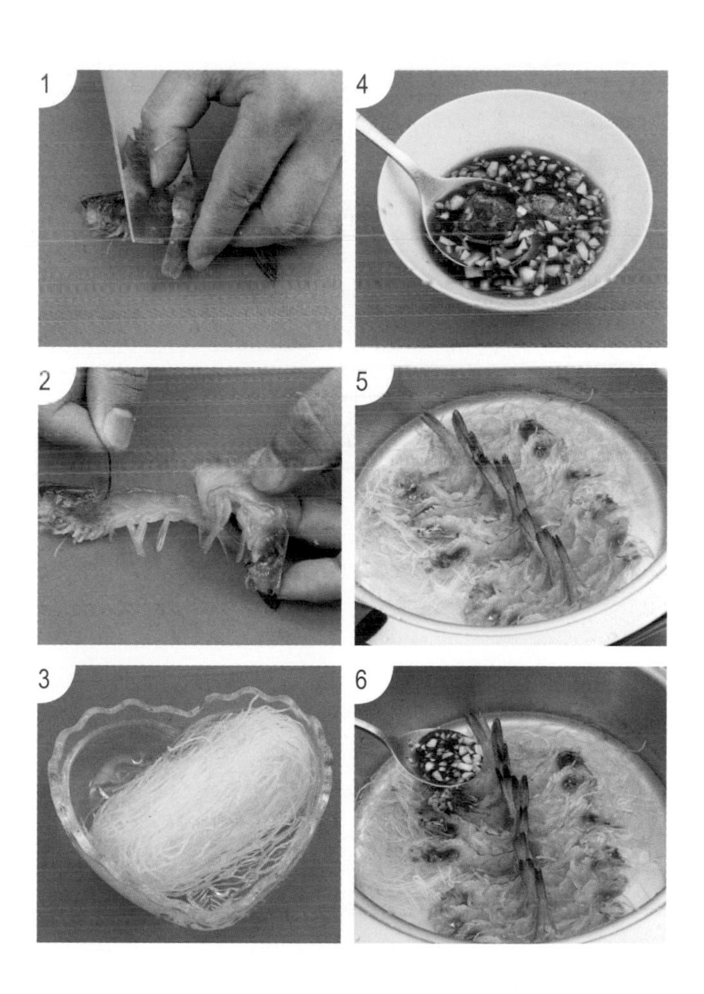

麻油香蕈旗魚

材料

材料	份量	材料	份量
旗魚肉	300 公克	杏鮑菇	50 公克
旗魚皮	100 公克	秀珍菇	50 公克
枸杞	5 公克	玉米粉	3 大匙
薑片	10 公克	黑麻油	2 大匙

調味料

醬油醬	2 大匙
酒	2 大匙
水	200 cc

醃料

醬油	1 大匙
酒	1 大匙
胡椒粉	少許

材料圖

作法

1. 旗魚皮、肉切塊加入醃料 . 玉米粉醃至入味，備用 (圖 1-4)。
2. 杏鮑菇切片，備用。
3. 鍋中加入水煮沸，放入旗魚肉汆燙至熟撈起，備用 (圖 5-6)。
4. 起鍋加入黑麻油爆香薑片，放入旗魚肉、旗魚皮、枸杞、杏鮑菇、秀珍菇。
5. 炒至香氣出來，加入調味料煮至入味即可盛盤 (圖 7-8)。

Hello
Kitty

金針燒雞

材料

乾金針	50 克	蔥	30 公克
木耳	50 克	薑	30 公克
去骨雞腿肉	400 公克		

調味料

醬油	2 大匙	香油	1 大匙
烏醋	1 大匙	水	50cc
糖	1 大匙		

材料圖

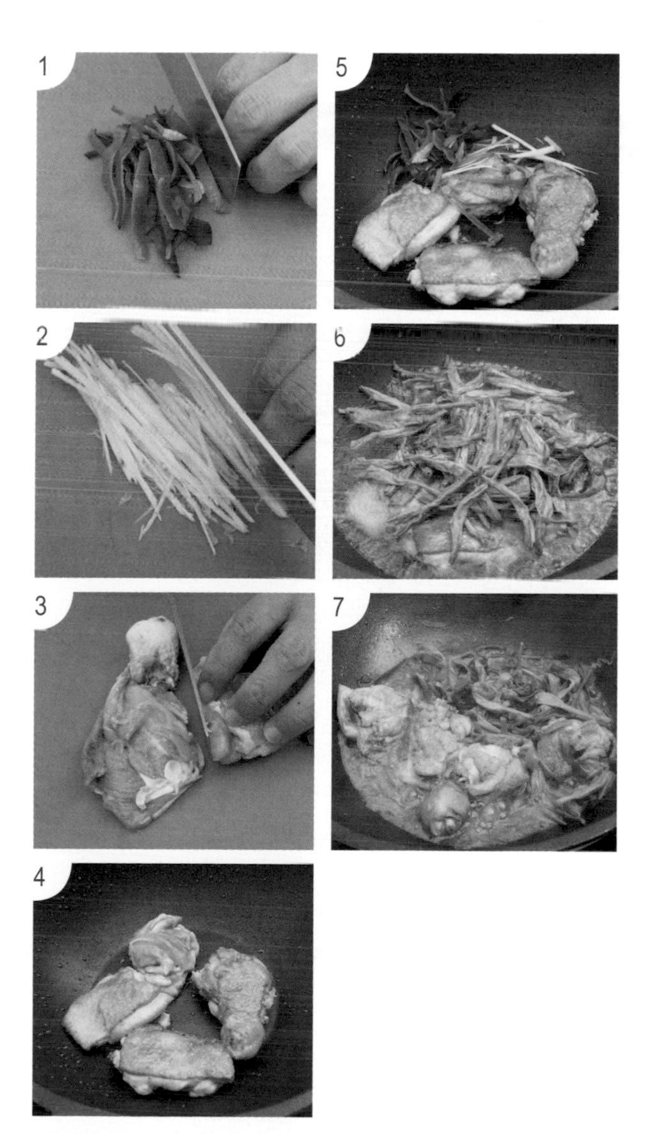

作法

1. 乾金針用水泡軟，木耳切絲、蔥、薑切絲，雞肉剁成小塊狀，備用(圖 1-3)。
2. 鍋內放入 2 大匙油，將雞塊煎至金黃，接加入蔥絲、薑絲、木耳絲(圖 4-5)。
3. 再放金針及調味料，小火燜煮 5 分鐘即完成(圖 6-7)。

肉醬炒箭筍

材料

箭筍	400 公克	薑末	20 公克
肉醬	1 罐	玉米粉水	1 大匙
蒜末	10 公克		
蔥花	10 公克		

材料圖

調味料

辣豆瓣醬	1 大匙
糖	1 小匙
酒	1 大匙
味噌	1 小匙
水	150 cc

作法

1. 鍋中加入水煮沸，放入箭筍汆燙撈起，備用 (圖 1)。
2. 鍋中加入 1 大匙葡萄子油爆香蒜末、薑末接著加肉醬，加入調味料，箭筍燒至入味 (圖 2-4)。
3. 加入玉米粉水勾芡撒上蔥花拌勻即可取出盛盤完成 (圖 5)。

1

4

2

5

3

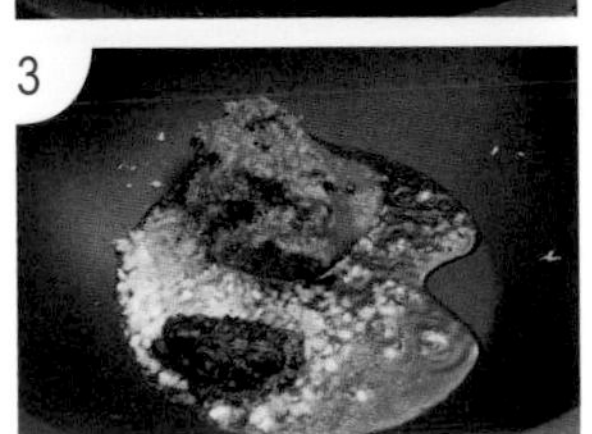

蒟蒻皇帝豆

材料

蓮藕蒟蒻	200 公克	枸杞	5 公克
皇帝豆	300 公克	水	500 cc
薑	20 公克		

材料圖

調味料

醬油	2 大匙
辣椒醬	1 大匙
糖	1 大匙

1. 蓮藕蒟蒻洗淨切片備用、薑切片備用。
2. 鍋中加入沙拉油爆香薑片。
3. 接著加入蓮藕蒟蒻、皇帝豆、水及所有調味料燜煮 6 分鐘即可盛盤，完成 (圖 4)。

1
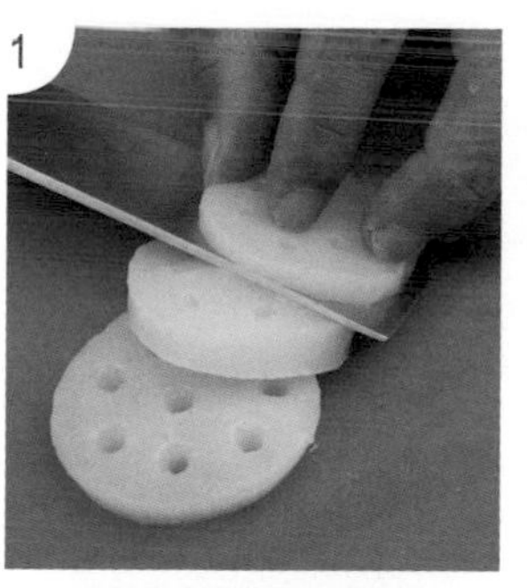

2
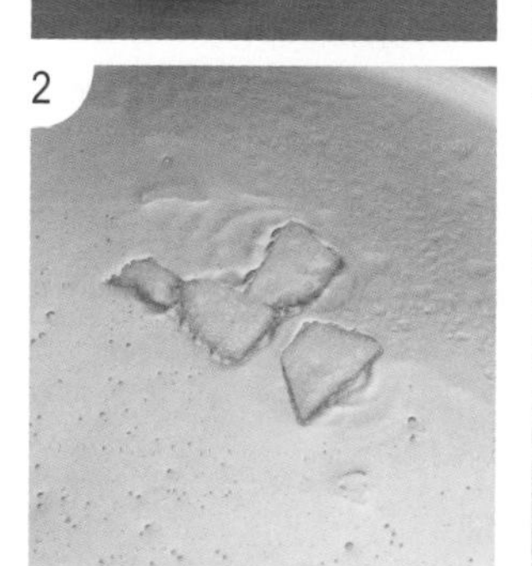

3

4

處暑：農曆8月

國曆8月23日或24日，氣候變涼的象徵，表示暑氣結束，但是秋天的涼意還沒正式登場，所以有了「秋老虎」，日夜溫差大依然有颱風的季節，出門記得帶件薄外套與雨具唷！

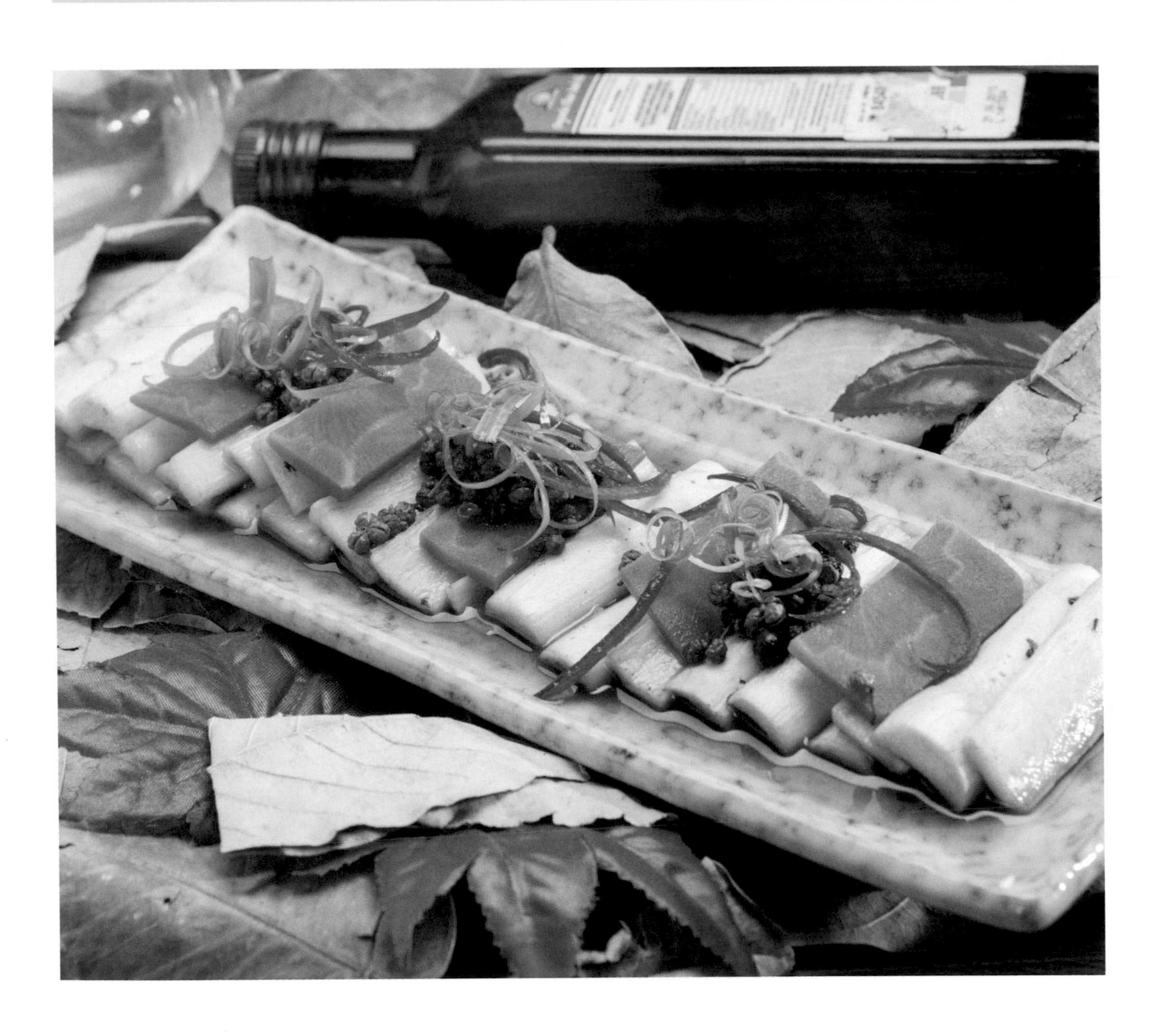

椒汁美人腿

材料

茭白筍	300公克	辣椒絲	5公克
紅蘿蔔	100公克	花椒	10公克
蔥	10公克		

調味料

醬油	2大匙
豆豉	1小匙
酒	1大匙

材料圖

作法

1. 茭白筍切片、紅蘿蔔切片，備用(圖1)。
2. 蔥絲、辣椒絲泡水，備用(圖2)。
3. 鍋中放入1大匙葡萄籽油爆香調味料、放入花椒煮至入味(圖3)。
4. 倒入茭白筍、紅蘿蔔蒸鍋中蒸熟後盛盤灑上蔥絲、辣椒絲即完成(圖4)。

1

2

3

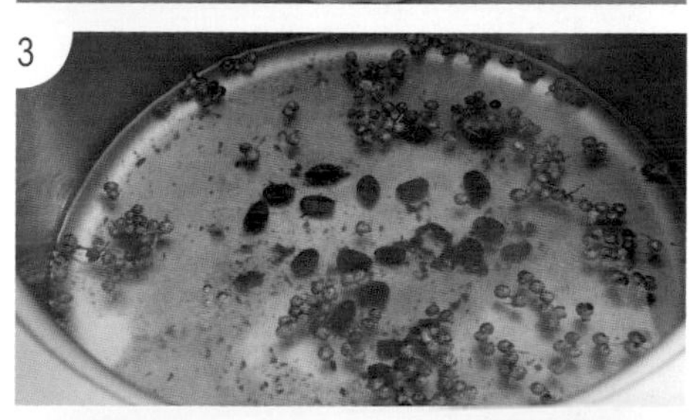

4

咖啡雞湯

材料

雞腿	400 公克	山藥	50 公克
新鮮咖啡	100 公克		
鴻喜菇	100 公克		
薑絲	10 公克		

材料圖

調味料

高湯	600cc
鹽	1/4 小匙
糖	1/4 小匙
米酒	1 大匙

作法

1. 雞腿、山藥洗淨切塊，備用 (圖 1-2)。
2. 起水鍋將雞腿塊汆燙撈起，備用 (圖 3)。
3. 起鍋加入高湯放入鴻喜菇 、薑絲、山藥、雞腿塊小火煮熟加入調味料即可盛盤 (圖 4-5)。

1
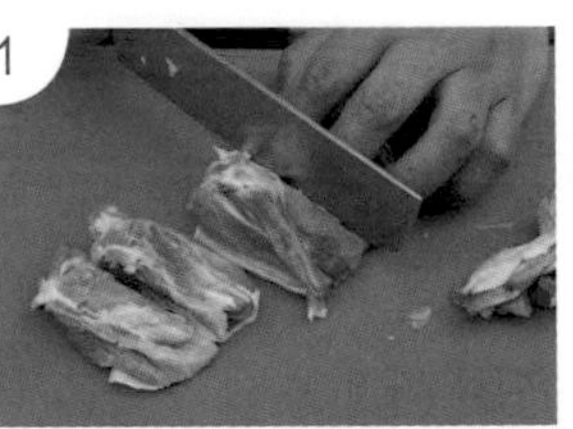

2
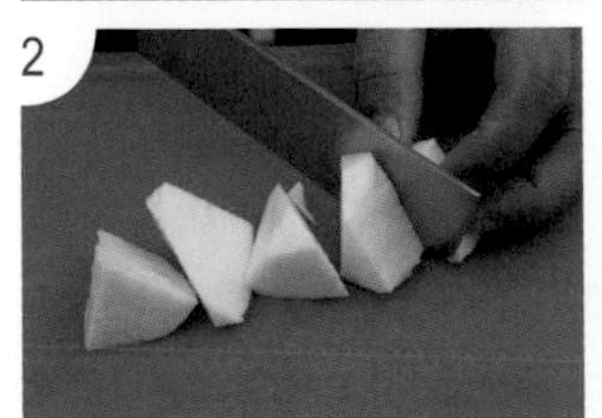

3

4

5

麻油秋葵

材料

秋葵	300 公克	枸杞	5 公克
薑片	50 公克	黑麻油	3 大匙
美白菇	50 公克		

材料圖

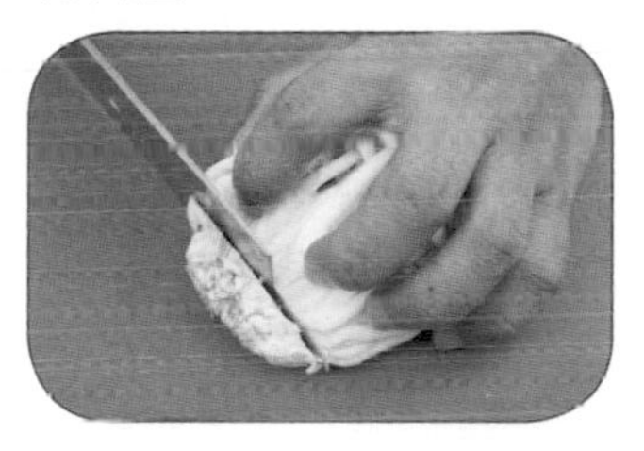

調味料

醬油膏	2 大匙
水	300 cc

1. 秋葵去蒂、美白菇去蒂頭，枸杞泡發，備用 (圖 1-3)。
2. 起鍋加入黑麻油爆香薑片，加入秋葵、調味料，枸杞、美白菇翻炒均勻即可盛盤 (圖 4)。

1

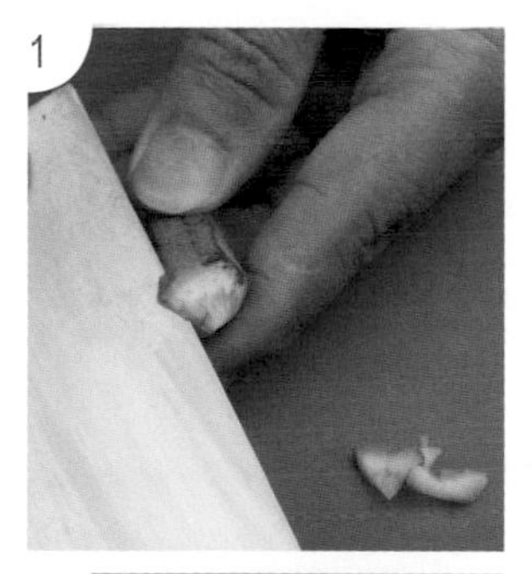

2

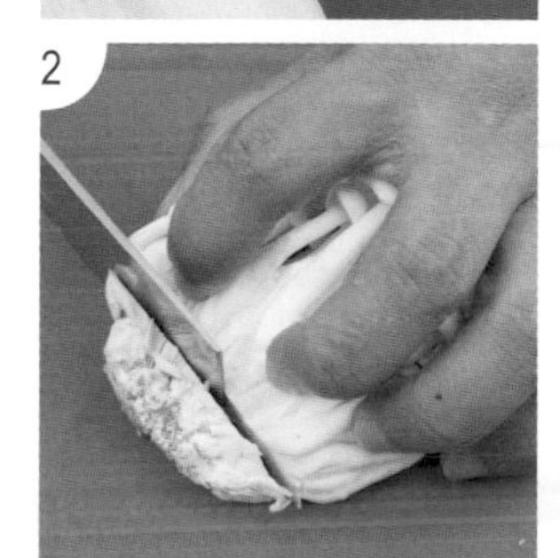

3

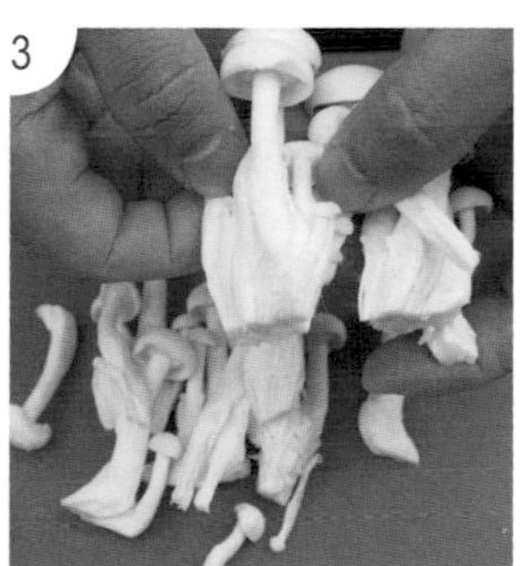

4

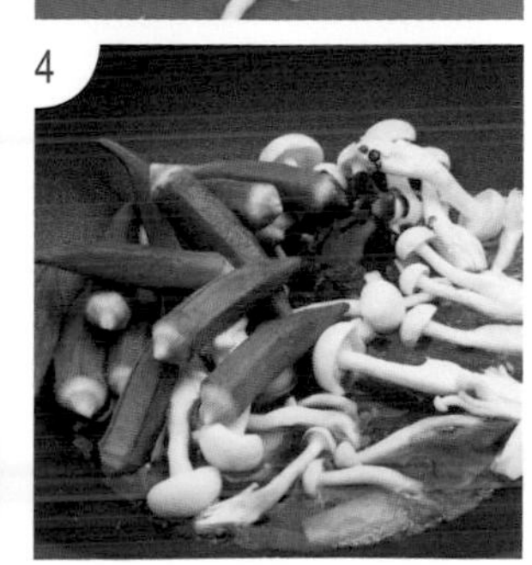

白露：農曆9月

國曆9月8日或9日，天氣轉涼，日夜溫差極大，是個容易感冒生病的時期，飲食建議可以多吃生薑、蔥白等。清晨開始地面水氣結露，葉子產生露珠，而白色代表秋天因此「白露」就是這樣來的。

酸竹筍煨鰆魚

材料

材料	份量	材料	份量
酸筍	100 公克	蒜末	10 公克
鰆魚	200 公克	香菜	10 公克
辣椒末	10 公克		

調味料

調味料	份量	調味料	份量
米酒	1 大匙	水	少許
醬油	1 大匙		
糖	少許		

材料圖

作法

1. 酸竹筍切絲、辣椒、蒜切末、香菜切末，備用 (圖 1-3)。
2. 起鍋煎鰆魚至金黃色取出，備用 (圖 4-5)。
3. 起鍋爆香辣椒末、蒜末、放入酸竹筍、水、調味料煮滾放入鰆魚煨 10 分鐘取出放上香菜 (圖 6)。

麻油虱目魚

材料

材料	份量	材料	份量
虱目魚肚	2片	枸杞	5公克
蒟蒻麵	200公克	金針菇	50公克
老薑片	50公克		

調味料

調味料	份量	調味料	份量
黑麻油	2大匙	水	200 cc
醬油膏	2大匙		
米酒	200公克		

材料圖

作法

1. 虱目魚肚切條，備用(圖1)。
2. 蒟蒻麵在滾水中川燙(圖2)。
3. 鍋中加入黑麻油、老薑片爆香，加入米酒、水、魚、金針菇、蒟蒻麵、枸杞(圖3)。
4. 接著加入醬油膏煮至沸騰5分鐘即可盛盤(圖4)。

1

2

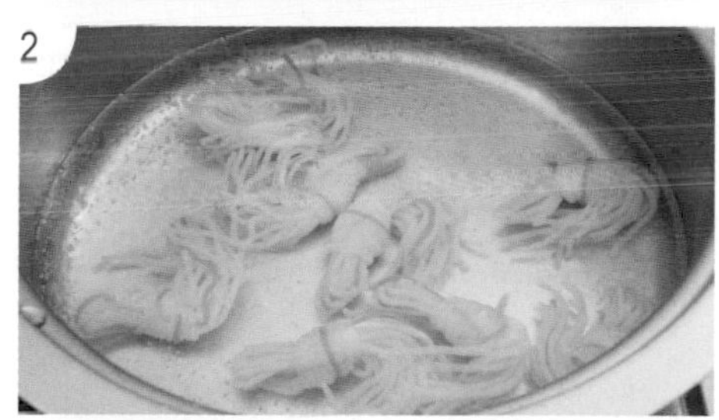

3

4

栗子紅棗燜雞

材料

仿土雞腿肉	300 公克	枸杞	10 公克
薑片	10 公克	栗子	100 公克
新鮮紅棗	20 公克		
蒜	30 公克		

調味料

紹興酒	2 大匙
醬油	2 大匙
糖	1/4 小匙

材料圖

作法

1. 仿土雞腿切丁，備用 (圖 1)。
2. 鍋中加入 1 大匙油、爆香薑片，加入栗子、紅棗、枸杞、調味料，煮至熟成即可盛盤 (圖 2-4)。

1

2

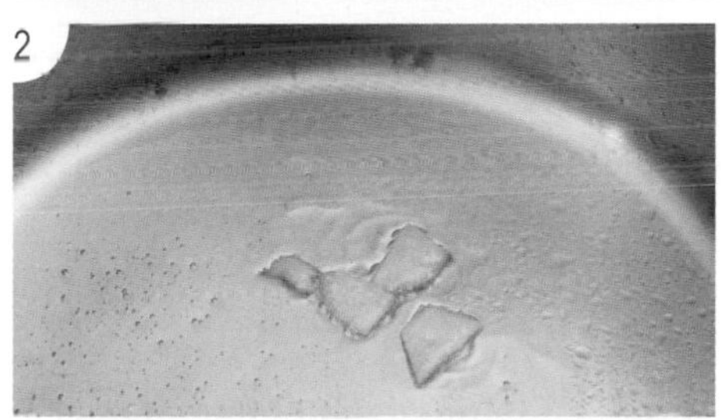

3

4

桂花掛霜芋頭

材料

芋頭	300 公克
乾桂花	5 公克

調味料

糖	5 大匙
水	3 大匙

材料圖

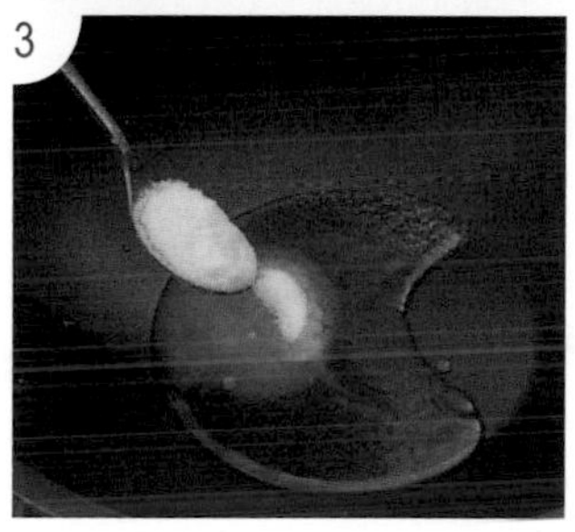

作法

1. 芋頭去皮切成條狀，備用 (圖 1)。
2. 起油鍋加熱，放入芋頭炸至酥脆撈起備用 (圖 2)。
3. 鍋中加入調味料煮至濃稠 (圖 3)。
4. 加入芋頭、乾桂花翻炒均勻即完成 (圖 4-5) 。

秋分：農曆9月

國曆9月23日或24日，昆蟲陸續回到土裡準備冬眠，雨量也不像夏天豐沛，空氣逐漸乾燥。秋分與春分一樣，是個晝夜等長的節氣，養生之道同樣著重陰陽平衡，不宜過度進補與吃生冷食物。

辣椒檸檬蝦

材料

鮮蝦	500 公克	辣椒	10 公克
洋蔥	100 公克	蒜末	10 公克
香菜	20 公克		

調味料

檸檬汁	3 大匙	魚露	1 大匙
糖	1 大匙		
泰式甜雞醬 1 大匙			

材料圖

作法

1. 鮮蝦去殼開背去腸泥，備用 (圖 1-2)。
2. 洋蔥切絲，泡水備用 (圖 3)。
3. 香菜、辣椒切末，備用 (圖 4)。
4. 鍋中加入 1 大匙葡萄籽油 , 加入鮮蝦煎至上色，加入辣椒末、蒜末、調味料煮至熟成，備用 (圖 5-6)。
5. 盤中依序放入洋蔥絲、鮮蝦、香菜即完成 (圖 7-8)。

香菇高麗菜卷

材料

高麗菜	300 公克	泡發香菇	6 朵
絞肉	300 公克	蔥花	10 公克
洋地瓜末	30 公克	玉米粉水	1 大匙
薑末	10 公克	香油	1 小匙
蔥末	10 公克		

調味料 A

醬油	1 大匙
糖	1/4 小匙
酒	1 大匙
白胡椒粉	1/4 小匙
玉米粉	1 大匙
全蛋液	1 大匙

調味料 B

醬油	2 大匙
糖	1/2 小匙
酒	1 大匙
白胡椒粉	1/4 小匙
水	200 cc

作法

1. 取一容器放入絞肉、香菇末、洋地瓜末、薑末、蔥末及調味料 A 攪拌均勻，備用 (圖 1)。
2. 鍋中加入水煮沸，放入高麗菜葉汆燙至熟撈起，泡冷水，備用(圖2-3)。
3. 將高麗菜葉鋪平，撒上太白粉，放入拌好之絞肉包起，放入鍋中(圖4-10)。
4. 接著鍋中加入去蒂香菇及調味料 B，燒煮約 10 分鐘至入味 (圖 11)。
5. 最後以玉米粉水勾芡，淋上香油即可盛盤 (圖 12-13)。
6. 盛盤後將鍋中的醬汁淋上，撒上蔥花，即完成。

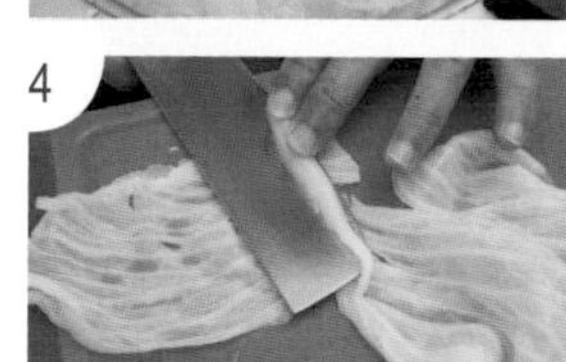

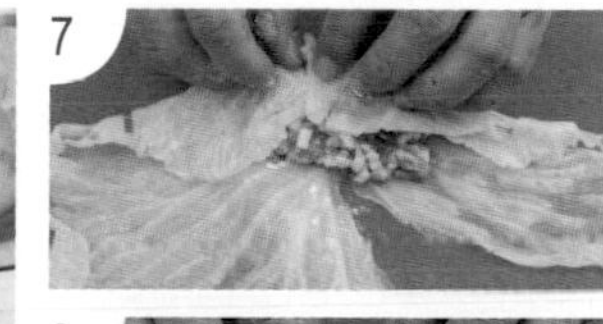

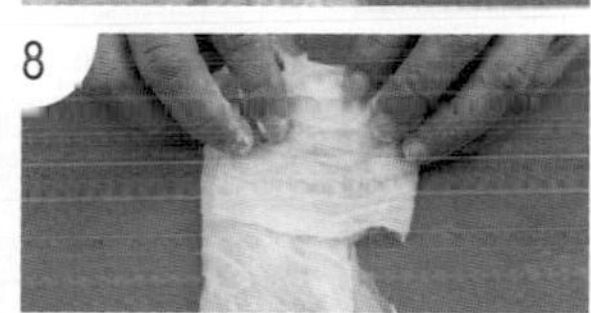

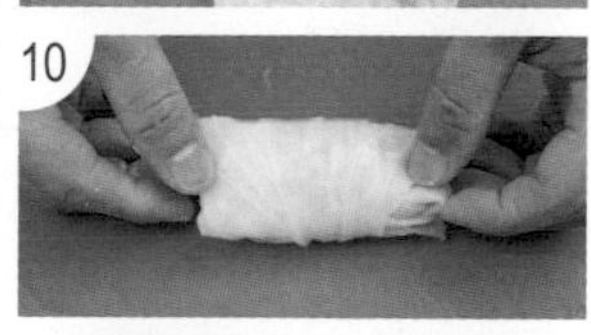

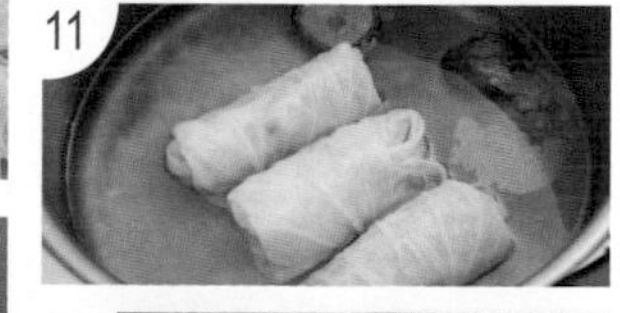

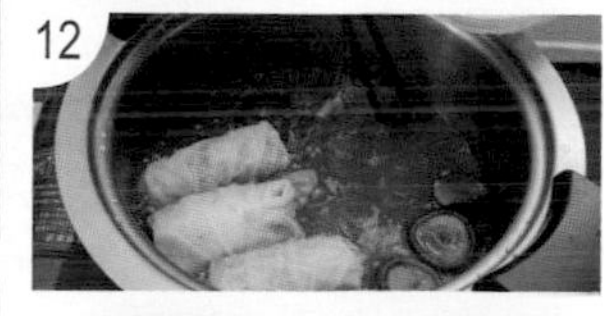

芹菜櫻花蝦

材料

材料	份量	材料	份量
芹菜	300 公克	蒜末	10 公克
櫻花蝦	20 公克		
辣椒	10 公克		

調味料

調味料	份量	調味料	份量
醬油	1 大匙	米酒	1 大匙
糖	少許	香油	1 大匙
胡椒粉	少許		

材料圖

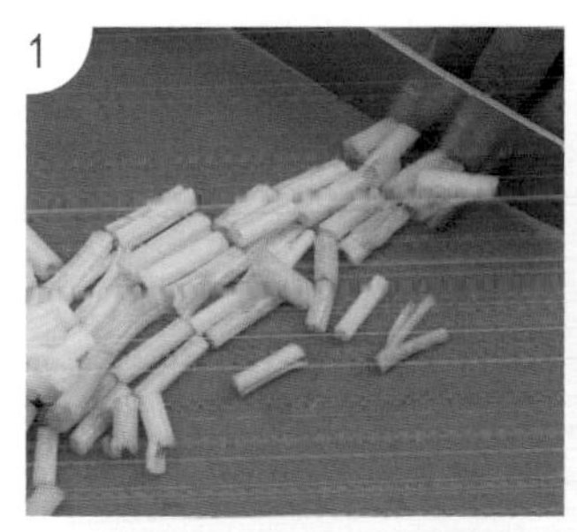

作法

1. 芹菜洗淨切段、辣椒、蒜切末，備用 (圖 1-3)。
2. 起鍋加入少許油爆香櫻花蝦、蒜末、辣椒末 (圖 4)。
3. 最後放入芹菜丁及調味料翻炒均淋上香油，即可盛盤 (圖 5)。

寒露：農曆10月

國曆10月8日或9日，古代醫學在四時養生中強調，「春夏養陽，秋冬養陰」，秋天氣候交替要小心肺部保健，飲食特別以滋陰潤肺最為恰當，例如：芝麻、蜂蜜、乳製品、雞、鴨、魚。

文蛤麵線

材料

日式麵線	200 公克	金針菇	10 公克
文蛤	1 斤	茶油	2 大匙
薑末	50 公克	初朵菇片	50 公克
枸杞	5 公克		

調味料

醬油	2 大匙
水	200 cc
酒	200 cc

材料圖

作法

1. 文蛤吐沙、金針菇切段，備用 (圖 1)。
2. 鍋中加入水煮沸，放入日式麵線汆燙至熟撈起，備用 (圖 2)。
3. 鍋中放入茶油爆香薑末、金針菇、初朵菇片，放入文蛤、枸杞、調味料煮至沸騰 (圖 3-4)。
4. 文蛤開殼後，加入麵線即可盛盤 (圖 5-7)。

1

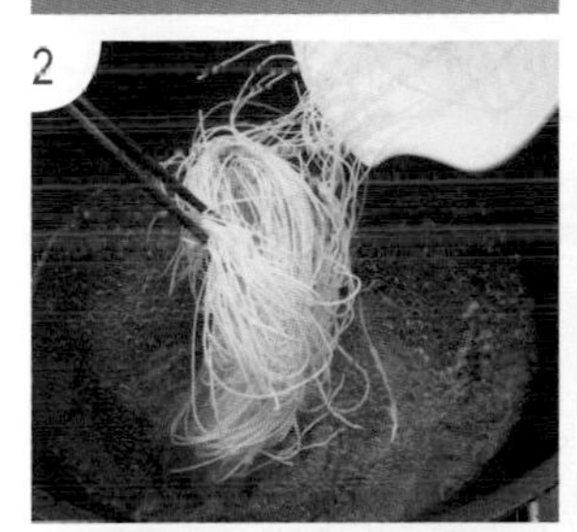
2

3

4

5

6

7

山藥絲瓜

材料

澎湖絲瓜	400 公克
山藥	200 公克
薑片	10 公克
枸杞	10 公克
玉米粉水	1 大匙
玉米粉	100 公克

調味料

醬油	1 大匙
糖	1/4 小匙
鹽	少許
高湯	100 cc

材料圖

作法

1. 澎湖絲瓜去皮斜切條狀、山藥切條狀，備用 (圖 1-4)。
2. 將山藥條沾上玉米粉放入油鍋中炸至熟成撈起，備用 (圖 5)。
3. 鍋中加入 1 大匙橄欖油爆香薑片，放入澎湖絲瓜、枸杞、鹽、高湯燒煮入味 (圖 6)。
4. 取出排入盤中，放入山藥條，備用 (圖 7)。
5. 起一鍋中加入醬油、糖、水煮沸，煮開淋於山藥上 (圖 8)。

霜降：農曆10月

國曆10月23日或24日，深秋與初冬交界，腦溢血併發率遠遠高於其他季節，患有腸胃病、高血壓、腦血管硬化的患者要特別注意。此天氣適合食用梨子、蘋果等生津、潤燥，另外洋蔥屬性溫和，可降脂、降醣，也是不可缺少的秋季養生品。

木耳煲帶魚

材料

白帶魚	300 公克	薑	20 公克
荸薺	8 粒	蒜苗末	20 公克
木耳	150 公克		

調味料

鹽	1 小匙	水	1000 cc
糖	1/4 小匙		
酒	2 大匙		

材料圖

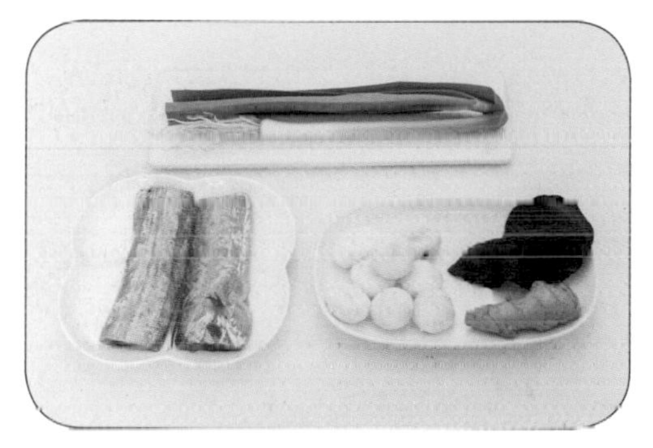

作法

1. 荸薺洗淨去皮，木耳切片，薑切片，備用 (圖 1-2)。
2. 壓力鍋中加入少許油，放入白帶魚煎香 (圖 3)。
3. 加入薑片、水及所有調味料，加入荸薺、木耳，蓋上鍋蓋燜煮 8 分鐘 (圖 4-5)。
4. 開蓋放入蒜苗末，即可盛盤 (圖 6)。

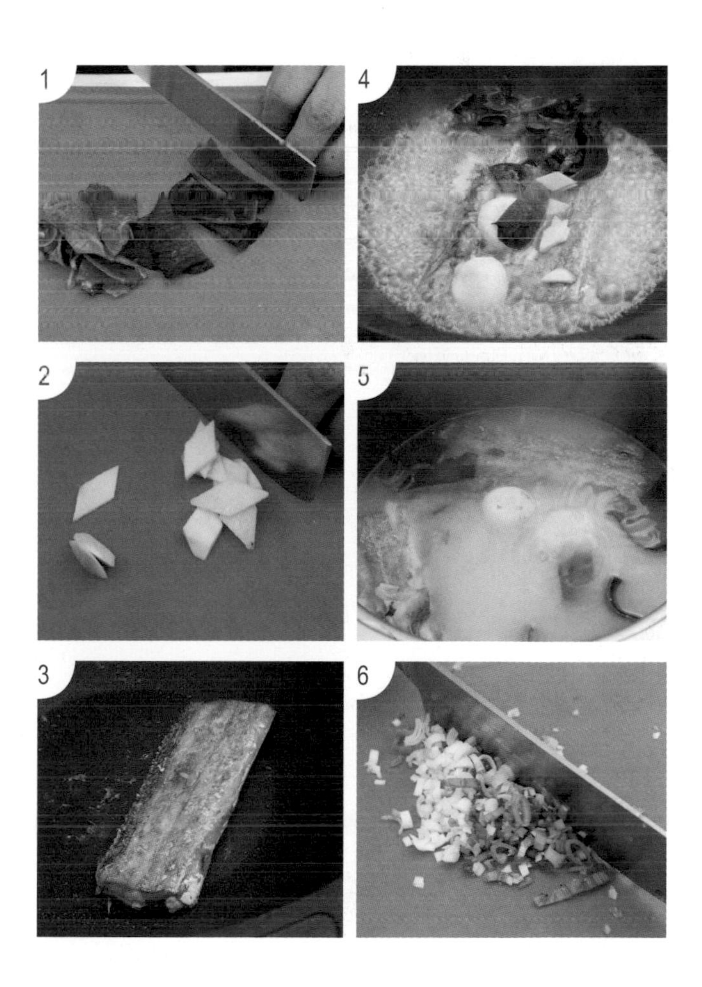

蜜汁魚片

材料

材料	份量
鯛魚片	400 公克
洋香菜末	5 公克
玉米粉	50 公克

調味料

調味料	份量
醬油	1 大匙
蜂蜜	2 大匙
胡椒粉	少許

材料圖

作法

1. 鯛魚切片，沾上玉米粉，備用 (圖 1-2)。
2. 起油鍋放入鯛魚片炸至金黃，備用 (圖 3)。
3. 鍋中放入鯛魚片、調味料翻炒均勻即可盛盤 (圖 4)。
4. 撒上洋香菜末即完成 (圖 5)。

芋香肉丸

霜降

農曆10月

材料

材料	份量	材料	份量
芋頭	200 公克	薑	10 公克
絞肉	200 公克	荸薺	20 公克
蒜	10 公克		

調味料

調味料	份量	調味料	份量
鹽	少許	蛋液	1 大匙
醬油	1 小匙	胡椒粉	少許
酒	1 大匙		

材料圖

作法

1. 芋頭切絲，蒜、薑、荸薺切末，備用 (圖 1-2)。
2. 取一容器放入絞肉、蒜、薑、荸薺、調味料翻拌均勻，備用 (圖 3)。
3. 餡料捏成圓形裹上芋頭絲放置油鍋炸至金黃，即可盛盤 (圖 4-6)。

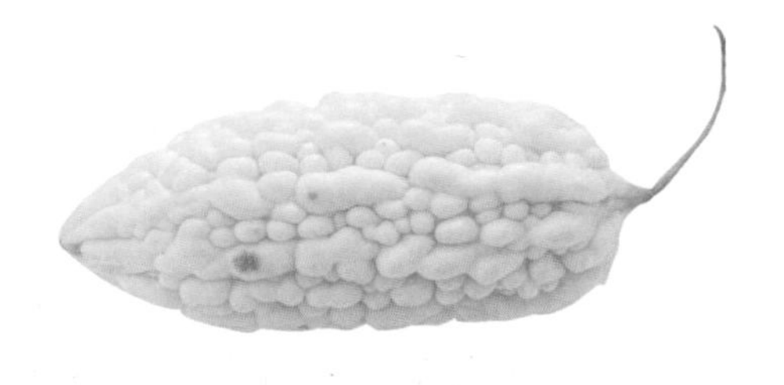

苦瓜

苦瓜有「植物胰島素」的美譽，能預防並且改善糖尿病問題，也可以降血指消暑清熱。此外苦瓜還能抑制脂肪生成，改善體內的脂肪平衡，苦瓜雖然苦，但隨後回甘的氣味甜美，可以使人清心醒腦，緩解疲勞。

青花菜

含豐富維生素 C 和膳食纖維與多種營養成分，每 100 克青花菜就含有 89.2 毫克的維他命 C。其中蘿蔔硫素具有抗病毒，抗細菌和抗腫瘤活性作用。

地瓜葉

富含胡蘿蔔素、維生素A、C、菸鹼酸、鉀、鈣、鎂等營養成分。能改善皮膚粗糙，保護黏膜組織受感染，鎂可促進心臟、心血管健康，促進鈣的吸收和代謝，防止鈣沉澱在組織、血管內。地瓜葉含胰島蛋白酵素抑制，切忌不生吃，否則容易消化不良造成腸胃不適。

川耳（黑木耳）

人體血管清道夫，護肝解毒。鐵含量為蔬果之首，養顏美容，預防貧血。同時含有豐富膳食纖維，幫助腸胃順暢，減少脂肪吸收，想減肥的朋友可以多加利用。

櫻花蝦

櫻花蝦外型小巧玲瓏，成蝦大小約5公分，外殼細薄柔軟，富含高鈣、磷、粗蛋白質等營養成分，是小孩及老人最佳鈣的攝取來源，同時也是女性美容及產婦最佳營養補給品。

洋蔥

洋蔥含有蛋白質、醣類、咖啡酸、各種維生素等營養物質，能抑制惡性細胞的生長，也含有前列腺素A，可以降低血管和心臟冠狀動脈的阻力，預防血栓的產生。瑞士有研究指出可以預防骨質疏鬆症，建議老年人多食用。

番茄

在歐洲稱「愛情蘋果」的番茄種子含脂肪，可提煉成食用油。還含有醣、有機酸、維生素等營養成分，醣主要是葡萄醣和果醣，酸主要是檸檬酸和蘋果酸。其中抗氧化物茄紅素，能有效預防前列腺癌及抵抗皮膚被紫外線曬傷，加熱烹煮後番茄會釋出更多茄紅素，可從番茄中提煉出物質治療高血壓。

牛肉

牛肉性質溫和是皮膚、骨骼和毛髮的營養來源，含維生素A和維生素B群可預防貧血，富有鐵質、蛋白質、胺基酸、醣類因容易被人體吸收，是生長發育做為細胞組織所需要，提供人體所需的鋅，強化免疫系統的功能使傷口恢復。因牛肉屬高蛋白食品，腎炎患者忌口。

立冬：農曆11月

國曆11月7日或8日，「立冬補冬」立冬在養生來說是非常重要的節氣，選擇熱量較高的膳食，例如：烏骨雞、羊肉爐，同時也要多吃蔬菜水果多喝豆漿，避免過度進補導致維生素不足。

苦瓜燜青花魚

材料

材料	份量	材料	份量
青花魚	400 公克	蒜末	20 公克
苦瓜	200 公克	辣椒末	10 公克
豆豉	30 公克	香菜	10 公克

調味料

調味料	份量	調味料	份量
醬油	1 大匙	水	500cc
糖	1 小匙		
米酒	1 大匙		

材料圖

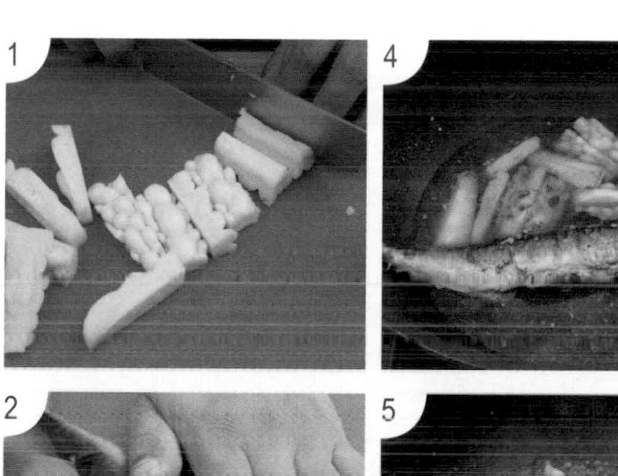

作法

1. 苦瓜洗淨對開切長段(圖 1)、青花魚取出內臟洗淨(圖 2)，備用。
2. 起鍋加入 2 大匙油將青花魚、苦瓜稍微煎至金黃色。
3. 接著加入 1 大匙油爆香豆豉、蒜末、辣椒末加入水、苦瓜、青花魚燒至入味(圖 3-5)。
4. 撒上香菜即可盛盤。

蝦球青花菜

材料

材料	份量	材料	份量
蝦漿	200 公克	荸薺末	20 公克
花椰菜	100 公克	薑末	10 公克
熟蛋	1 粒	紅蘿蔔末	10 公克

調味料 A

調味料	份量
鹽	1/4 小匙
糖	1/4 小匙
酒	1 大匙
水	300 cc

調味料 B

調味料	份量
鹽	1/4 小匙
糖	1/4 小匙

材料圖

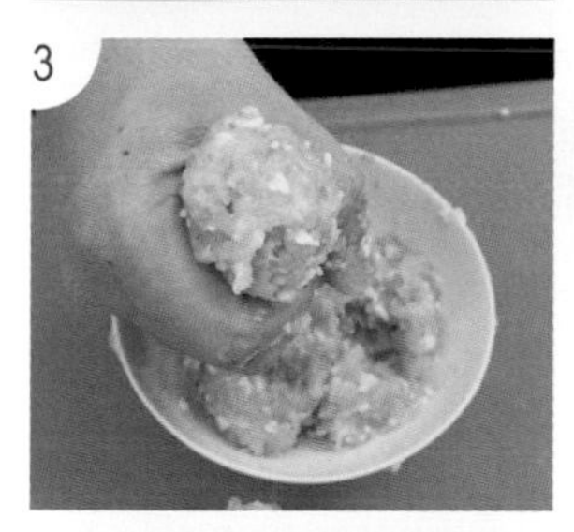

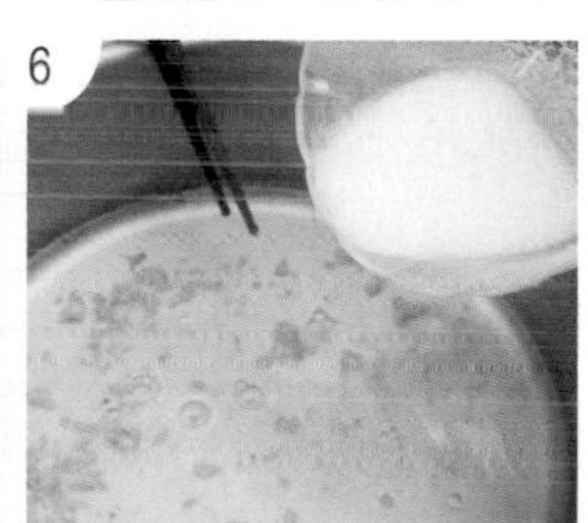

作法

1. 起鍋煮水煮蛋 (圖 1)。
2. 蝦漿加入荸薺末、薑末、紅蘿蔔末、調味料 B 拌勻，備用 (圖 2)。
3. 花椰菜削尖、蝦漿擠成丸狀將蝦丸插入花椰菜入鍋中蒸至熟取出放入盤中，備用 (圖 3-5)。
4. 起鍋加入調味料 A 煮開加入太白粉水芶芡淋於花椰菜上即可 (圖 6)。
5. 將熟蛋黃撒在菜上即可 (圖 7)。

小雪：農曆11月

國曆11月22日或23日，東北季風漸漸加強，雖然台灣不至於下雪，但禦寒保暖是必要的。冬季陰陰的天氣，使人心容易低落，飲食方面可以多吃香蕉，預防腳底抽筋與幫助心情愉快。

培根芥菜煨香菇

材料

芥菜	300公克	蔥	10公克
培根	100公克	薑	10公克
初朵菇	100公克	蒜	10公克

調味料

醬油	1大匙	胡椒粉	少許
酒	1大匙	糖	1/4小匙
油膏	1大匙		

材料圖

作法

1. 芥菜修成船型捲上培根插上牙籤，備用(圖1-2)。
2. 蔥切段、薑切末、蒜切末、初朵菇去蒂頭，備用。
3. 鍋中放入芥菜培根捲、初朵菇煎至上色(圖3-4)。
4. 加入蔥、薑、蒜爆香，加入調味料燒至入味即可盛盤(圖5)。

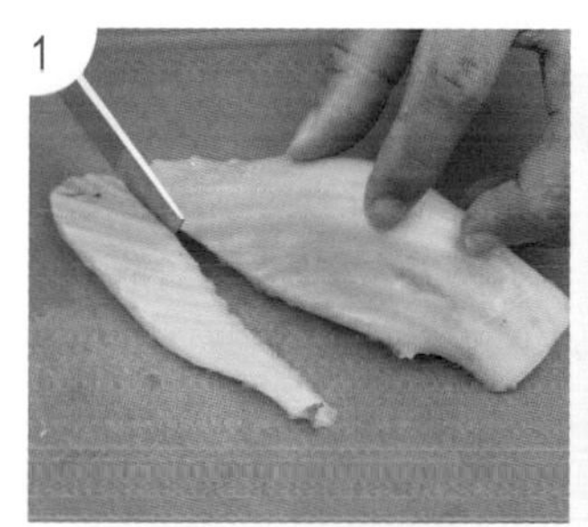
1

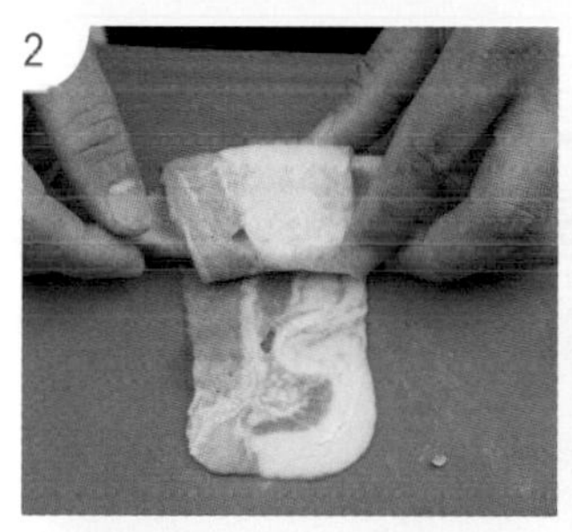
2

3

4

5

母子菜

材料

材料	份量	材料	份量
甘藷	100 公克	蒜片	10 公克
甘藷葉	200 公克		
番茄	100 公克		

調味料

調味料	份量	調味料	份量
酒	1 大匙	醬油	1 大匙
鹽	1/4 小匙		
糖	1/4 小匙		

材料圖

作法

1. 甘藷去皮切小丁、甘藷葉切段、番茄切丁，備用 (圖 1-3)。
2. 鍋中加入 1 大匙葡萄籽油，爆香蒜片，加入甘藷、甘藷葉、番茄、調味料，翻炒均勻後即可盛盤 (圖 4-7)。

1

2

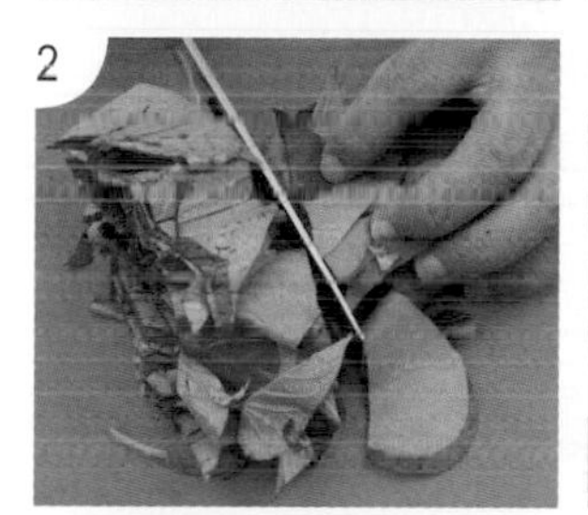

3

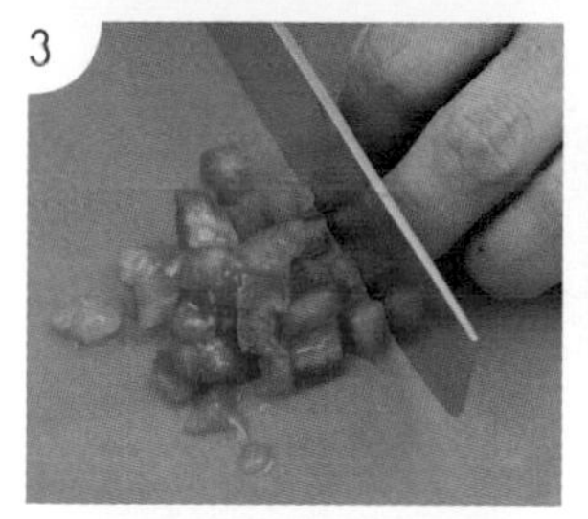

4

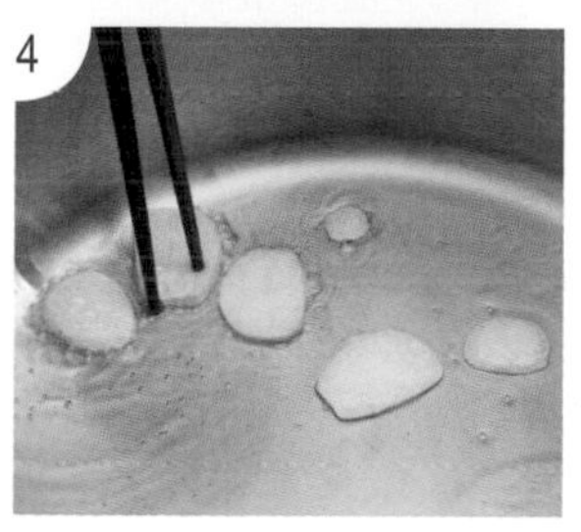

5

6

7

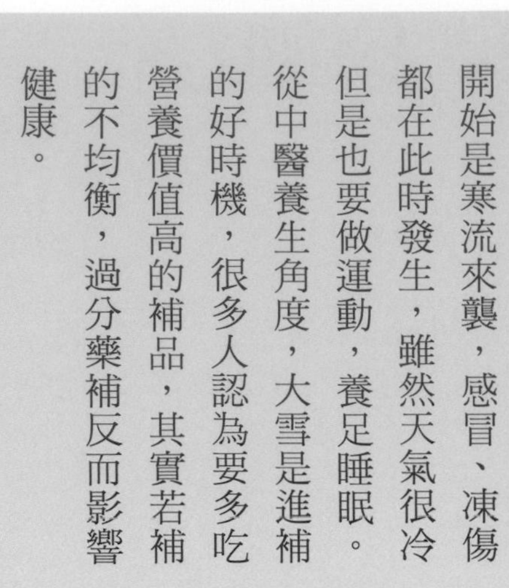

大雪：農曆12月

國曆12月7日或8日，此節氣開始是寒流來襲，感冒、凍傷都在此時發生，雖然天氣很冷但是也要做運動，養足睡眠。從中醫養生角度，大雪是進補的好時機，很多人認為要多吃營養價值高的補品，其實若補的不均衡，過分藥補反而影響健康。

西班牙海鮮沙拉

材料

牛番茄	100 公克	花枝	50 公克
黃甜椒絲	30 公克	淡菜	100 公克
洋蔥絲	50 公克	生菜絲	100 公克
蝦仁	50 公克		

調味料

鹽	少許
檸檬汁	3 大匙
橄欖油	1 大匙
胡椒粉	1/4 小匙

材料圖

作法

1. 牛番茄切片，黃甜椒、洋蔥切絲，備用 (圖 1-3)。
2. 花枝切花刀後切小段，備用 (圖 4-5)。
3. 鍋中加入水煮沸放入蝦仁、花枝、淡菜汆燙至熟撈起，備用 (圖 6)。
4. 取一大碗放入蝦仁、花枝、淡菜加入調味料拌勻 (圖 7)。
5. 將牛番茄、生菜絲、黃甜椒絲、洋蔥絲排入盤中，上放海鮮料即完成。

1
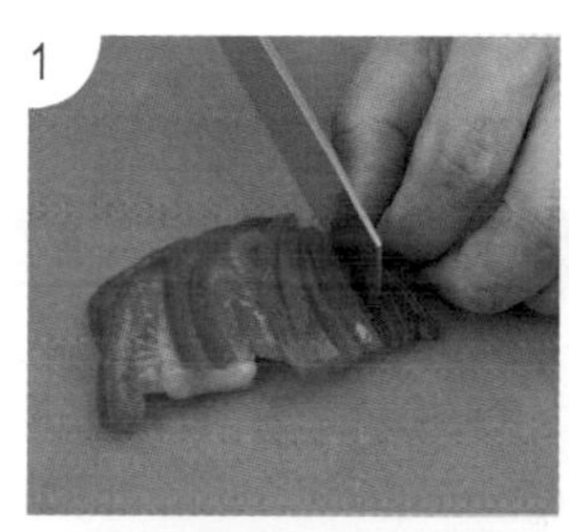

2

3

4
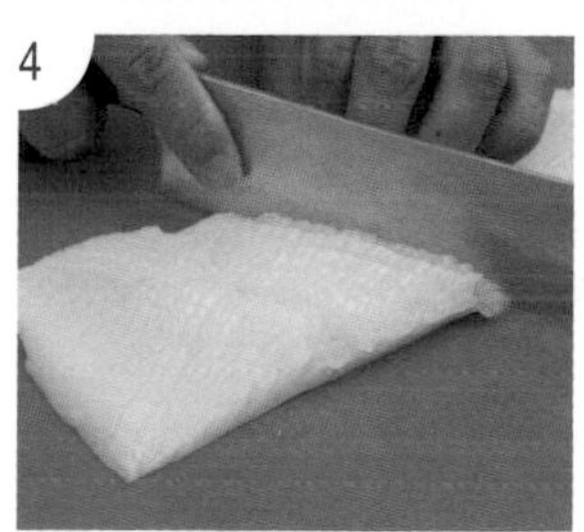

5
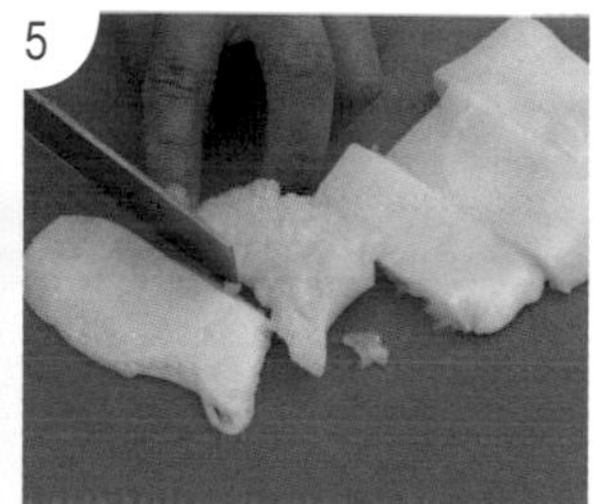

6
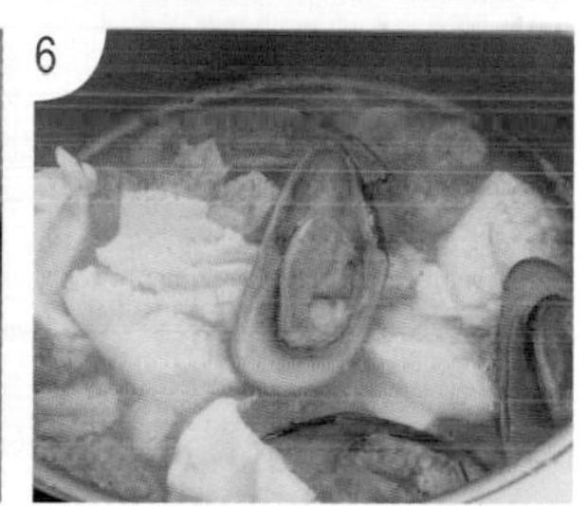

7
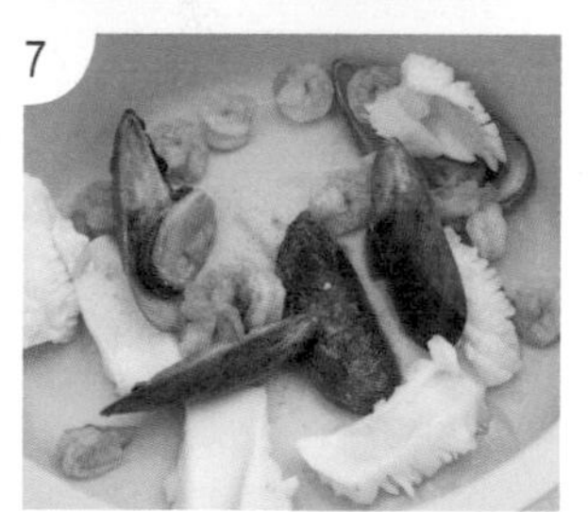

冬至：農曆12月

國曆12月22日或23日，陽光幾乎直射南回歸線，北半球白晝最短黑夜最長，過了這天日照北移，白天越來越長，進入小寒、大寒，還會更冷些。冬至，家家戶戶都吃湯圓，意味著農曆年就要到了！進補時可選薑母鴨、羊肉爐，但一樣要飲食均衡，補得健康！

櫻花蝦高麗苗

材料

材料	份量	材料	份量
高麗苗	400 公克	蔥段	20 公克
蒜片	20 公克	櫻花蝦	30 公克
薑片	20 公克		

調味料

調味料	份量	調味料	份量
樹籽醬	2 大匙	水	100 cc
糖	1/4 小匙		
醬油	1 大匙		

材料圖

作法

1. 高麗苗洗淨對切，蒜、薑切片，蔥切段，備用 (圖 1-4)。
2. 鍋中加入 1 大匙葡萄籽油，爆香櫻花蝦、蒜片、 薑片、蔥段 (圖 5)。
3. 接著加入高麗苗翻炒至熟取出盛盤 (圖 6)。
4. 鍋中加入調味料煮至沸騰，淋於高麗苗上即完成 (圖 7)。

1
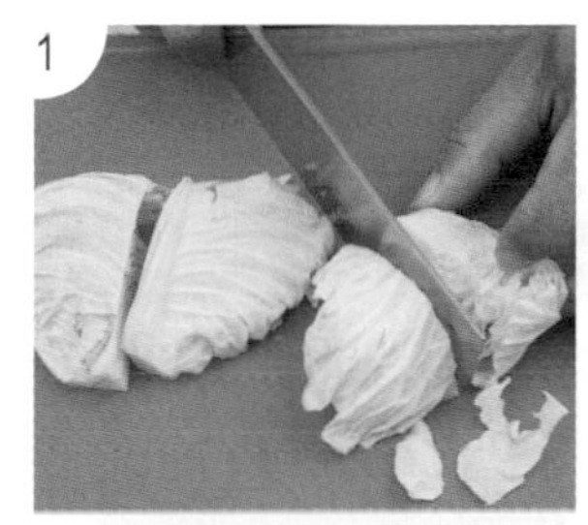

2
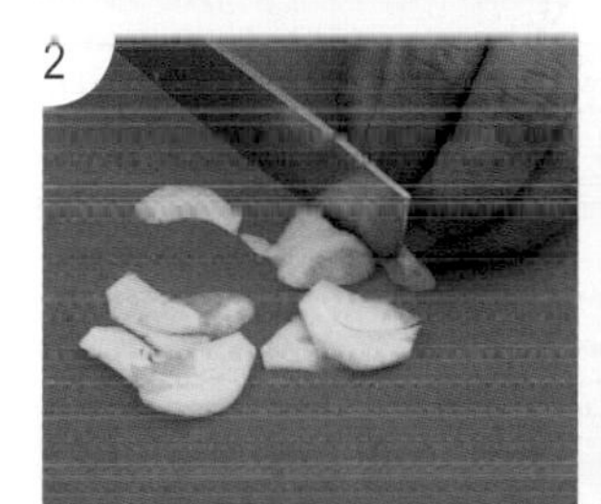

3

4
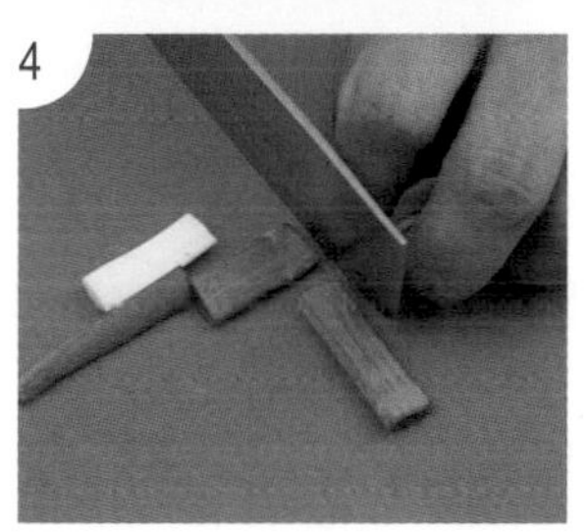

5

6

7

紅黃椒拌川耳

材料

川耳	100 公克	紅甜椒	100 公克
熟雞胸肉絲	200 公克	薑末	20 公克
香菜末	10 公克	黃甜椒	50 公克
蒜末	10 公克		

調味料

醬油	1 大匙	檸檬汁	2 大匙
辣椒醬	1 小匙	香油	1 大匙
醬油膏	1 大匙		
糖	1 小匙		

材料圖

作法

1. 將川耳泡發，紅、黃甜椒切絲狀，備用 (圖 1)。
2. 鍋中加入水煮沸，放入川耳汆燙至熟撈起，備用 (圖 2)。
3. 取一容器加入川耳、熟雞胸肉絲、香菜末、蒜末、辣椒末、薑末、紅黃椒片、調味料拌均勻即可盛盤 (圖 3)。

1

2

3

小寒：農曆1月

國曆1月5日或6日，以國曆來說小寒是第一個節氣，這時是很冷的時節，禦寒保暖很重要！尤其國人喜愛吃火鍋禦寒，建議加入人蔘、枸杞、當歸，結合羊豬肉或是鱔魚是不錯的選擇。

綠花椰魚豆腐

材料

綠花椰菜	400 公克	魚豆腐	200 公克
洋蔥末	100 公克	椰漿	100 cc
蒜末	100 公克		

調味料

咖哩粉	1 大匙	鹽	少許
咖哩塊	2 小塊	水	200 cc
糖	少許		

材料圖

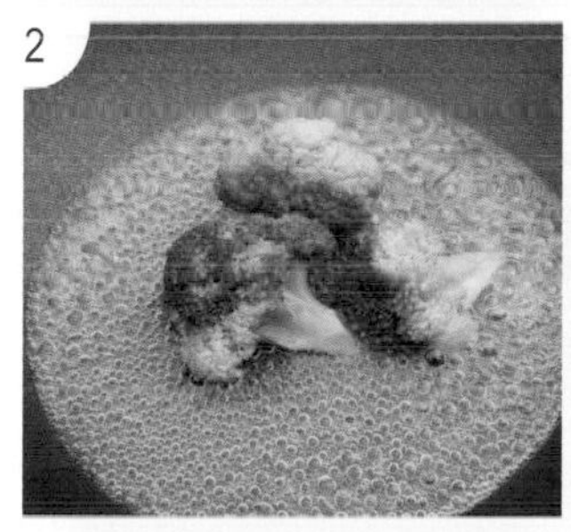

作法

1. 綠花椰菜去筋膜，備用 (圖 1)。
2. 先將綠花椰汆燙後盛盤，備用 (圖 2)。
3. 鍋中加入 1 大匙橄欖油爆香洋蔥末、蒜末，放入調味料翻炒均勻加入魚蛋燒至入味 (圖 3-4)。
4. 煮至熟成淋上椰漿即可盛盤 (圖 5-6)。

蘿蔔嬰黃雀

材料

材料	份量	材料	份量
腐皮	3 張	酸菜絲	30 公克
金針菇	50 公克	薑絲	10 公克
木耳	50 公克	蘿蔔嬰	200 公克
芹菜	50 公克	初朵菇絲	50 公克

調味料 A

醬油	2 大匙
油膏	1 大匙
糖	1/4 小匙
鳳梨醋	1 大匙

調味料 B

胡椒粉	少許

作法

1. 金針菇切段、木耳切絲、芹菜切段，備用 (圖 1)。
2. 鍋中加入 1 大匙葡萄籽油，爆香金針菇、木耳、芹菜、酸菜絲、薑絲、初朵菇絲加入調味料 A 翻炒均勻取出，備用 (圖 2-3)。
3. 將腐皮鋪平，放入炒好之餡料，捲起打結，放入鍋中炸至酥脆取出，備用 (圖 4-7)。
4. 鍋中加入調味料 B 放入炸好之素黃雀燒至入味，備用 (圖 8)。
5. 將蘿蔔嬰鋪在盤中，接著放上燒好之素黃雀即完成 (圖 9)。

1

2

3

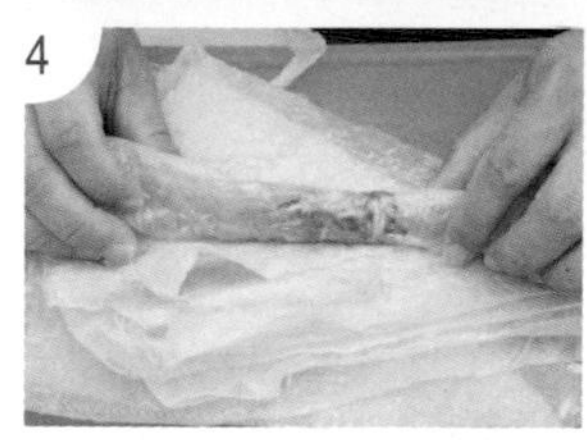
4

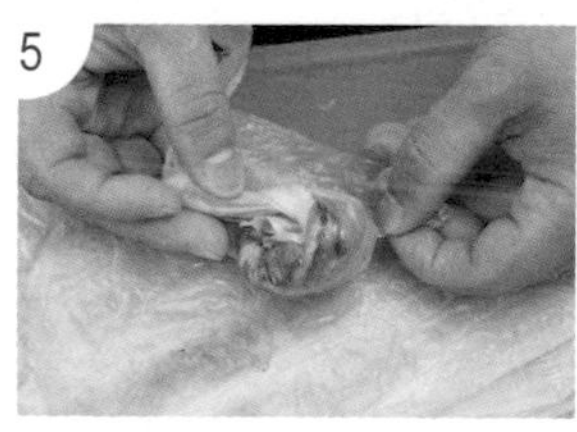
5

6

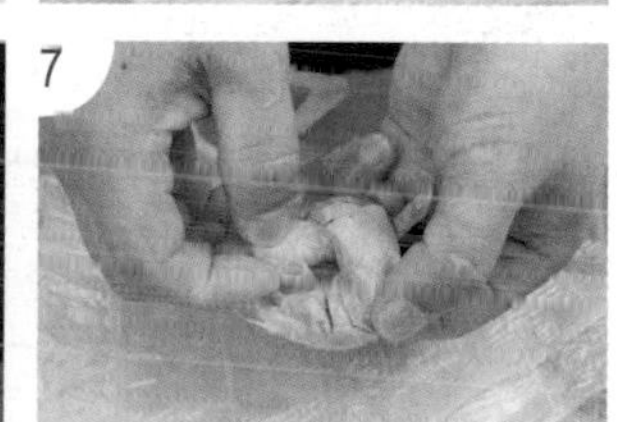
7

8

9

大寒：農曆1月

國曆1月20日或21日，「大寒」顧名思義就是天氣冷到極點的意思！適時進補(與小寒相同)可以促使體內血液活絡，增加抵抗力，為開春氣候變化做準備。24節氣的食補都要均衡飲食，不可過分進補，加上運動以達到身心健康。

洋蔥釀雞翅

材料

材料	份量	材料	份量
雞翅	3隻	蒜末	10公克
洋蔥	1粒	青花菜	100公克
蔥段	10公克		

調味料

調味料	份量	調味料	份量
番茄醬	3大匙	酒	1大匙
蠔油	1大匙		
糖	1大匙		

材料圖

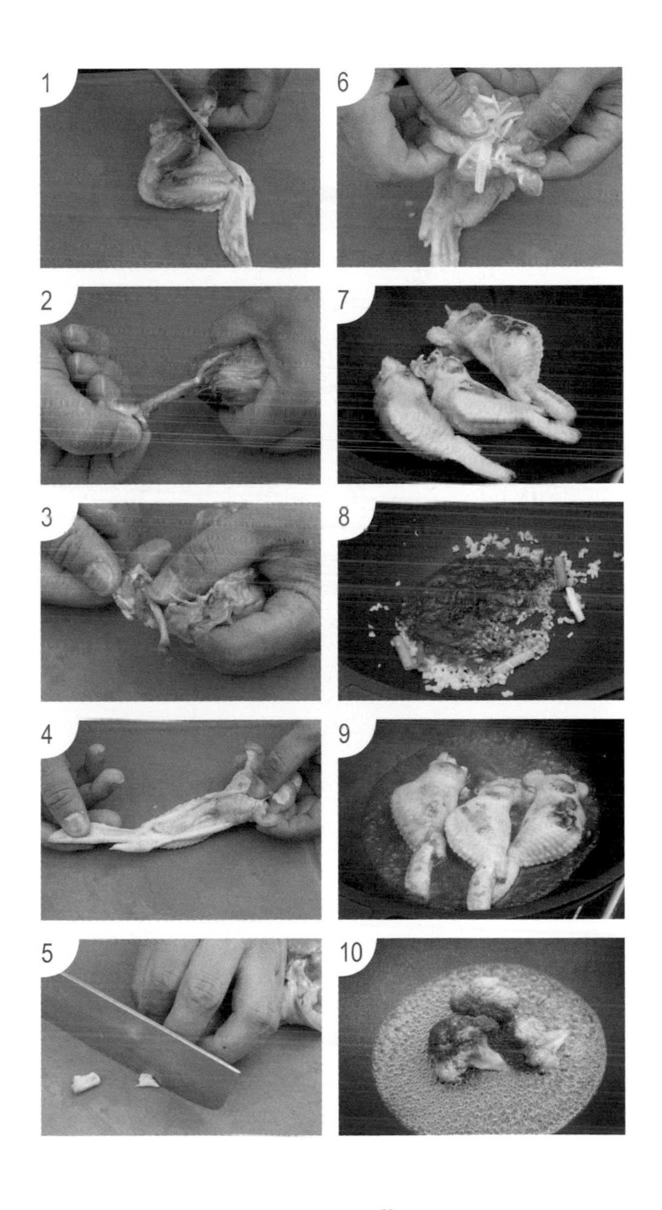

作法

1. 雞翅去骨，塞入洋蔥絲，並在鍋中煎熟(圖1-7)。
2. 起鍋爆香蒜末、蔥段、洋蔥末，加入番茄醬、爆香(圖8)。
3. 加入水及調味料，放入雞翅燜煮入味(圖9)。
4. 將青花菜汆燙撈起，放入盤中接著放入雞翅即完成(圖10)。

番茄秋刀魚

材料

材料	份量	材料	份量
秋刀魚	400 公克	花椰菜	100 公克
番茄	100 公克		
馬鈴薯	100 公克		

調味料

調味料	份量	調味料	份量
高湯	100cc	蠔油	1 大匙
番茄糊	3 大匙		
酒	1 大匙		

材料圖

作法

1. 秋刀魚切塊洗淨，番茄、馬鈴薯、花椰菜切塊，備用 (圖 1-3)。
2. 鍋中放入秋刀魚、番茄、馬鈴薯、調味料煮至軟爛 (圖 4)。
3. 接著加入花椰菜煮熟即可盛盤。

1

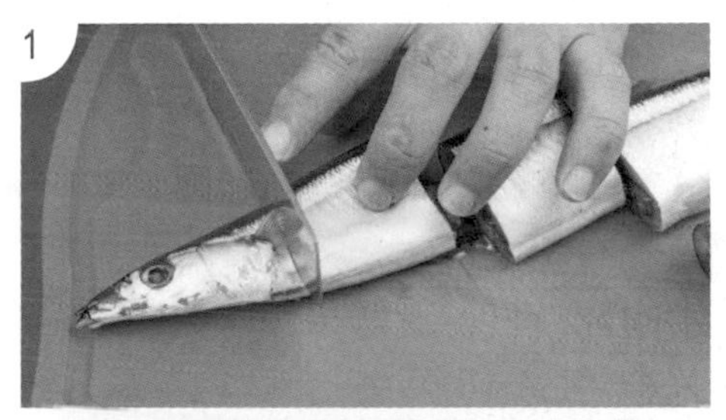

2

3

4

大寒
農曆1月

蔥爆牛肉

材料

蔥	200 公克
牛肉片	200 公克
蒜末	10 公克
辣椒	10 公克
水	少許

材料圖

調味料

蠔油	2 大匙
糖	1 大匙
酒	1 大匙
胡椒粉	1/4 小匙
醬油	1/4 小匙

醃料

糖	1/4 小匙
酒	1/4 小匙
胡椒粉	1/4 小匙
蛋	1 大匙
太白粉	1 小匙

作法

1. 牛肉片加入醃料醃至入味，備用 (圖 1)。
2. 蔥洗淨切段，備用。
3. 起鍋加入 1 大匙油，將牛肉炒至八分熟撈起，備用 (圖 2)。
4. 原鍋爆香蒜末、辣椒、蔥，加入所有調味料、水、牛肉翻炒均勻即可 (圖 3-4)。

1

3

2

4

鮮菇玉米筍

材料

玉米筍	150 公克
杏鮑菇	50 公克
鴻喜菇	50 公克

材料圖

調味料

鹽	少許
高湯	150cc
糖	1/2 小匙

作法

1. 玉米筍切長段、杏鮑菇切塊，備用 (圖 1-2)。
2. 起鍋加入油爆香杏鮑菇、鴻喜菇、玉米筍 (圖 3)，接著加入調味料煮 10 分即可盛盤 (圖 4)。

1
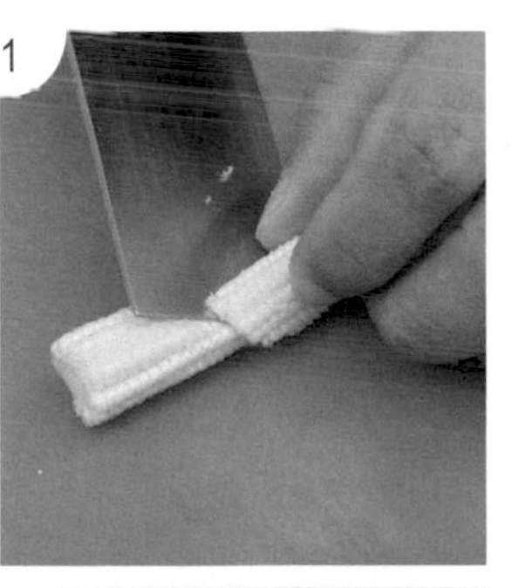

3

2
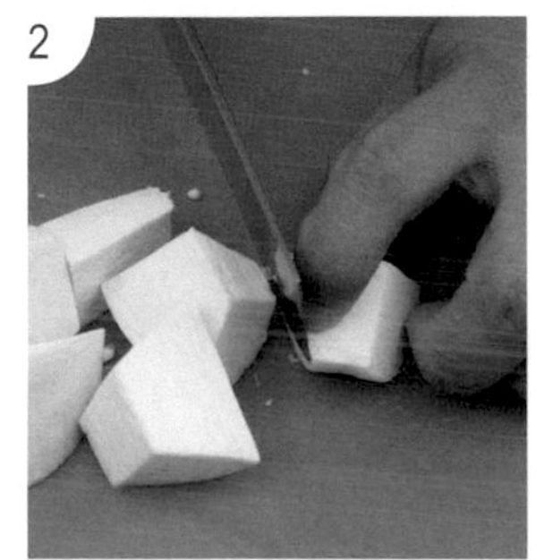

4

異國
Foreign cuisine
料理
鄭至耀・盧永富 著
118道!跨足日、韓、泰、越、西式的異國料理食譜

魔鬼蛋
DEVIL EGG
法式柏瑪芮芥末子醬炒海鮮蝴蝶麵
SAUTEE SEAFOOD WITH POMMERY MUSTARD AND FARFALLA

—— 百菜百味，浩瀚而無匯 ——

總鋪師 1

道地台灣味

小吃篇、宴客篇、點心篇

定價：350 元

台菜，是道地的『台灣菜』

由先民長期累積，是最具斯土斯民的飲食文化

而『台灣菜』泛指台灣常見的各種傳統菜色

若想要製作好吃又營養的菜式，只要膽大心細

在口味調理上也不必墨守成規

煮的一手好菜也並非難事

蛋黃中卷

宴客篇

材料

中卷	1 隻（約 200 公克）
洋火腿	50 公克
鹹蛋黃	8 顆
青豆仁	30 公克

調味料

鹽	1/8 茶匙
糖	1/4 茶匙
胡椒粉	1/4 茶匙
太白粉	1 大匙

醬料

沙拉醬	100 公克

作法

1
將中卷整隻不切開，在尾部剪一小孔以方便清洗，洗淨後瀝乾水分；洋火腿切小丁；鹹蛋黃用手捏碎。

2
取碗 1 個，放入火腿丁、鹹蛋黃、青豆仁，加入調味料混合攪拌均成餡料。

3
將已瀝乾水分的中卷身，塞入餡料填滿以牙籤封口，置於盤中，再填滿餡料的中卷身上，用牙籤戳上數個小洞，以防止蒸時中卷裂開。

4
將中卷放入蒸鍋內用中火約蒸 25 分鐘，熟後取出，切片，擺盤，吃時可沾沙拉醬食之。

廚藝小撇步
1. 可將高麗菜切絲，洗淨瀝乾水分做為盤飾墊底用。
2. 蒸好的中卷，待涼後再切較不易散開。

109

三杯雞腿

小吃篇

材料

雞腿肉	350 公克
老薑片	8 片
蒜頭	6 粒
辣椒	1 根
九層塔	20 公克
香油	2 大匙

調味料

沙拉油	3 杯
米酒	1 杯
蠔油	1 茶匙
豉油	1 又 1/2 茶匙
醬油膏	1 茶匙
辣豆瓣醬	1/2 茶匙
麥芽糖	1 茶匙
肉桂粉	1/8 茶匙

作法

1
雞腿肉洗淨，剁成塊；九層塔取葉片，摘去粗梗、洗淨。

2
鍋內下油燒至 180℃時，放入雞腿肉，用大火油炸 1 分鐘至表皮呈金黃色時，撈起瀝油。

3
鍋內下香油，以小火炒香薑片，續放入蒜頭炒至呈金黃色時，隨即放入調味料、雞肉、辣椒，蓋上鍋蓋小火燜煮至熟，待湯汁收乾，放九層塔拌勻即成。

廚藝小撇步
1. 材料中的薑片應切越薄越好，而炒香薑片時，以小火慢慢煸炒至乾縮，如此菜餚的味道才會比較足夠。
2. 三杯雞的醬汁一定要收乾，味道才會進入雞肉，且風味才會足夠。

41

跟著溫師傅食在安心

五星級廚師教你在家做養生料理

國家圖書館出版品預行編目 (CIP) 資料
五星級廚師教你在家做養生料理 / 溫國智著 . -- 一版 . -- 新北市 : 優品文化事業有限公司 , 2021.08
160 面 ; 19x26 公分 . -- (Cooking ; 10)
ISBN 978-986-5481-10-0(平裝)
1. 食譜 2. 養生
427.1　　110011314

作　　者　溫國智
總 編 輯　薛永年
美術總監　馬慧琪
文字編輯　蔡欣容
攝　　影　光芒商業攝影
出 版 者　優品文化事業有限公司
電話：(02)8521-2523
傳真：(02)8521-6206
Email：8521service@gmail.com（如有任何疑問請聯絡此信箱洽詢）
網站：www.8521book.com.tw
印　　刷　鴻嘉彩藝印刷股份有限公司
業務副總　林啟瑞 0988-558-575
總 經 銷　大和書報圖書股份有限公司
新北市新莊區五工五路 2 號
電話：(02)8990-2588
傳真：(02)2299-7900
網路書店　www.books.com.tw 博客來網路書店
出版日期　2021 年 8 月
版　　次　一版一刷
定　　價　320 元

上優好書網

LINE
官方帳號

Facebook
粉絲專頁

YouTube
頻道